彩绘
动物百科

动物原来是这样
神奇的冷血动物

段雪莲 / 编著

U0251023

上海科学普及出版社

图书在版编目（CIP）数据

神奇的冷血动物 / 段雪莲编著. -- 上海：上海科学普及出版社, 2015.1
（动物原来是这样）
ISBN 978-7-5427-6137-8

Ⅰ.①神… Ⅱ.①段… Ⅲ.①动物—普及读物 Ⅳ.①Q95-49

中国版本图书馆CIP数据核字(2015)第116216号

动物原来是这样

神奇的冷血动物

段雪莲　编著

出版发行：上海科学普及出版社
邮　　编：200070
地　　址：上海市中山北路832号
网　　址：http://www.pspsh.com
经　　销：新华书店
印　　刷：三河市汇鑫印务有限公司
开　　本：720毫米x1000毫米　1/16
印　　张：8
字　　数：100千字
版　　次：2015年1月第1版
印　　次：2015年1月第1次印刷
书　　号：ISBN 978-7-5427-6137-8
定　　价：24.80元

目录

目录

目录

金花蛇

类目：爬行纲有鳞蛇目游蛇科

体长：1～1.5米

能爬又能飞的猎食家

金花蛇的背面为黄绿色，有黑色的横斑和网纹，横斑由黑色的鳞片组成，网纹由每一绿色的鳞片中央的黑色纵纹缀成。头背为黑色，有黄绿色的斑纹，眼睛大，稍微突出于头部。它喜欢栖居在树上，并在白天外出活动。

● 我爬，我爬，我爬到树上吃饭饭

金花蛇在树上可以行动自如，是名副其实的爬树能手。金花蛇十分聪明，白天捕食时在树上一动不动，全神贯注地观察蜥蜴、鸟儿的活动，趁对方毫无防备的时候偷偷靠近，然后把它们一口吃掉。因为金花蛇攀爬技巧灵活，所以总是不费吹灰之力就能将猎物捕获。每每狩猎成功，它都会吐着信子，好像在和猎物说："树是我的家，你自己送上门来，我就只好笑纳啦。"

● 我可是聪明的"小飞侠"，小鸟们跑不掉了

如果金花蛇在一棵高高的树上休息，看见远处的树上有自己喜欢的食物，你猜它会怎么做？如果你认为它会爬过去，那你就太小看它了，它可是蛇家族中出名的"小飞侠"，因为它有一个看家本领——在空中进行高空弹跳。想要从一棵树跳到另一棵树的时候，它会把自己的身子往前一倾，然后很轻松地做出伸展飞翔的动作，准确无误地飞到另一棵树上。这样一来，另一棵树上的小鸟、小蜥蜴就都跑不掉了。

●请叫我"漂亮的伪装高手"

为了更好地生存，金花蛇利用自身的优势，将自己训练成为一个善于伪装的高手。金花蛇穿着一身漂亮的衣服。它背部呈黄绿色，上面还布满了黑色的横斑及网纹。腹部则是偏白色的，不仅有黑色的腹鳞点缀，仔细看，你还可以看到它腹鳞和尾下鳞的侧棱上面有黑色的斑点，就好像穿着一件以绿色为底色上面点缀黑色花纹的衣裳一样。这个就是金花蛇用于伪装自己的花衣裳。黄绿色和它喜欢栖息的树上的叶子很相似，黑色的花纹又像极了大树的树枝。穿着这样一件花衣裳，眼神再好的小鸟和蜥蜴也不会看到它，而金花蛇就更容易去捕捉猎物啦！

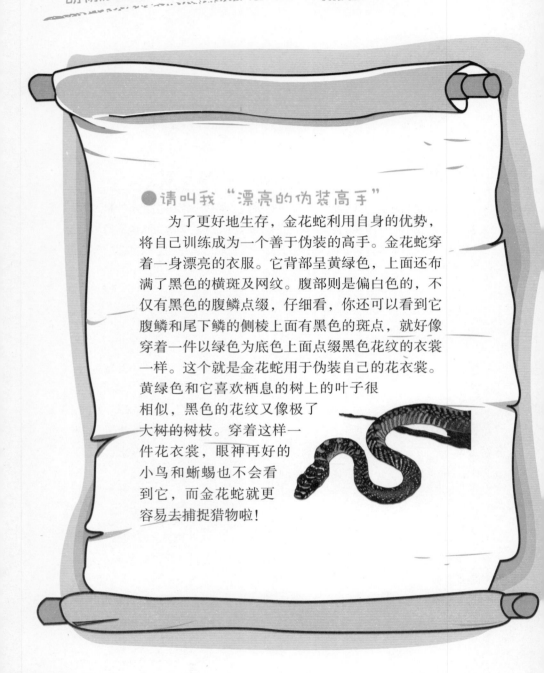

动物档案

乌梢蛇

类目：有鳞目游蛇科

体长：2.5～10米

依食物安家

乌梢蛇的体型较大，体背为绿褐色、棕黑色或棕褐色，背部正中间有一条黄色的纵纹，侧面有两条黑色的纵乌梢蛇纹，吻鳞自头背可见，宽大于高。它性情温顺，一般不咬人，但是如果谁威胁到它的生存，它就会暴露出凶狠的面目。

● 食物在哪里，我就在哪里

乌梢蛇在选择栖居地的时候，很有讲究。它们知道自己喜欢的食物，比如，令它们垂涎欲滴的青蛙、蜥蜴、鱼类或者老鼠等，都生活在海拔不高的地方，所以，它们也会把自己的家安在海拔1600米以下的平原和丘陵地带。它们的生存原则就是：蛇是铁，饭是钢，哪里有美食，哪里就有我乌梢蛇！

● 遇到人类，我们要逃走

乌梢蛇的栖息地与人类生活区存在重合的部分，所以，它们经常会遇到"人类怪物"。对此，它们有自己的对策。如果人类不攻击它们，它们就从旁边快速地溜走。倘若人类表现出进攻的趋势，它们就立即掉头，迅速逃走，并且一边逃跑，一边观察地形，一旦发现有能藏身的地方，比如小洞或缝隙等，就一骨碌钻进去了。

●我们在寻找敌人的致命处

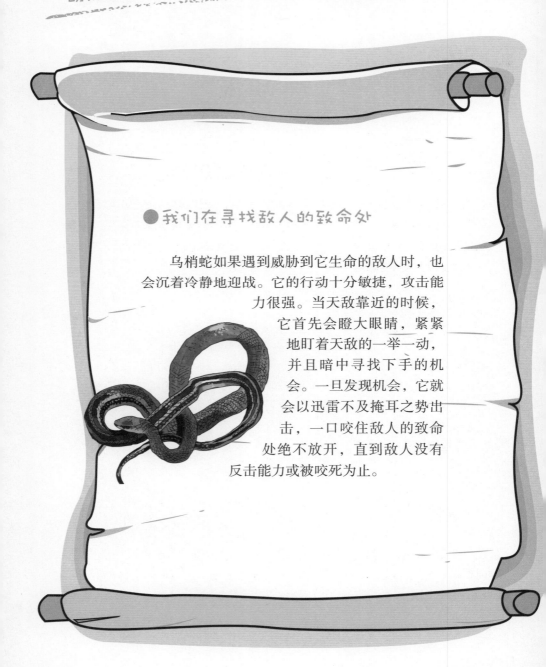

乌梢蛇如果遇到威胁到它生命的敌人时，也会沉着冷静地迎战。它的行动十分敏捷，攻击能力很强。当天敌靠近的时候，它首先会瞪大眼睛，紧紧地盯着天敌的一举一动，并且暗中寻找下手的机会。一旦发现机会，它就会以迅雷不及掩耳之势出击，一口咬住敌人的致命处绝不放开，直到敌人没有反击能力或被咬死为止。

动物档案

猪鼻蛇

类目：爬行纲有鳞目游蛇科

体长：约60厘米

发出臭味装死的谋略家

猪鼻蛇是一种小型毒蛇，蛇体粗壮，身上有斑纹，吻端朝上。虽然有毒，但是毒性弱，只能对付蟾蜍，对人类没有危害。

●我的鼻子朝天长，可以当挖土机

猪鼻蛇的鼻子在筑巢的时候发挥了很大的作用。它喜欢在地底下筑巢，当它建造自己的爱巢时，鼻子就可以当作挖土机利用起来。它们聪明地利用自己朝天长的鼻子，一点一点地把土拱得松软，然后再用鼻子把这些土拱出去。渐渐地，原本平坦的土地就变成一个深深的洞。最后再用鼻子把旁边没用的土推开，一个完美的蛇洞就做好了。

●我把自己打扮成眼镜蛇吓唬你

猪鼻蛇可算是蛇家族中最聪明的小骗子了。作为没有毒液的蛇，在面对各种敌人的时候，它想出了很多种逃脱手段。比如，当一些凶猛的哺乳动物看到远处的猪鼻蛇，并且打算发起进攻的时候，猪鼻蛇就会吐一吐信子，观察四周的环境，将头颈部变扁，然后不慌不忙地将自己颈部的肋骨撑得大大的，并发出"嘶嘶"的响声，像极了眼镜蛇。一些粗心大意的动物见了会误以为遇到了蛇中高手，自然不敢再去招惹它了。

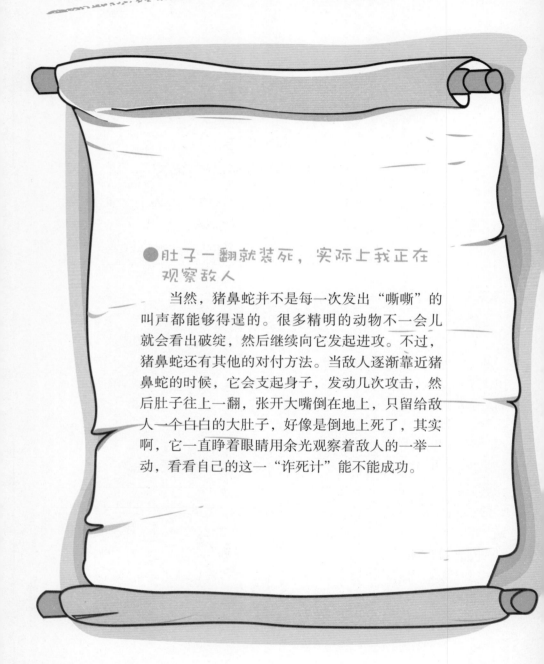

● 肚子一翻就装死，实际上我正在
　观察敌人

　　当然，猪鼻蛇并不是每一次发出"嘶嘶"的叫声都能够得逞的。很多精明的动物不一会儿就会看出破绽，然后继续向它发起进攻。不过，猪鼻蛇还有其他的对付方法。当敌人逐渐靠近猪鼻蛇的时候，它会支起身子，发动几次攻击，然后肚子往上一翻，张开大嘴倒在地上，只留给敌人一个白白的大肚子，好像是倒地上死了，其实啊，它一直睁着眼睛用余光观察着敌人的一举一动，看看自己的这一"诈死计"能不能成功。

6

●发出臭味，迷惑你

　　猪鼻蛇还有另外一个绝招，那就是发出刺鼻的尸臭味道。当它倒在地上装死之后，会立马让身体发出一种类似于尸臭的味道。因为很多动物都不沾死去的动物，害怕沾染一些细菌，所以当猪鼻蛇发出这样令人作呕的气味之后，就再也没有动物愿意在它身边驻足了，而它就这样顺理成章地逃过了一劫。

动物档案

黑眉锦蛇

类目：爬行纲有鳞目游蛇科

体长：约2米

以鼠为食的家庭卫士

黑眉锦蛇的行动敏捷，对食物的需求量大，只见它不停地捕食，不停地吃，可以说它就是一个吃货。夏天的温度越高，黑眉锦蛇的食欲就越强，捕食活动越频繁，也会变得越凶猛。这个时候千万不要靠近它，因为它会对人发起猛烈的攻击。

●吃一顿顶十顿，多储存能量

黑眉锦蛇是蛇家族中出了名的大胃王，每天的食量大得惊人。它的贪吃还另有目的，它之所以每一次吃很多的东西，主要是为了储存能量！在野外，黑眉锦蛇的一日三餐并不能够得到保障，遇到干旱的天气，很多小猎物都不出来活动，这难免使它饿肚子，黑眉锦蛇只好一顿吃下好几顿食物啦！别看它细长的身体并不像能多吃的样子，但有数据显示，普通的黑眉锦蛇身长不过一米多，但是它想填饱肚子，就要吃下四五只小家鼠或体重为120克的沟鼠。也就是说，它每次可以吃下自己体重1/5重的食物。是不是很厉害？人类一定比不过它。

●捉鼠，捉鼠，我是乡亲们的家蛇

在一些村落中，人们亲昵地将黑眉锦蛇称之为家蛇，主要是因为它帮助人们消灭了家中的老鼠。黑眉锦蛇之所以这样做，可是经过认真思考的。它们认为帮助人类除去老鼠，可以获得两方面好处：其一，满足它对食物的要求；其二，赢得人类的好感，免遭人类的猎杀。瞧瞧，这黑眉锦蛇还真不是一般的聪明呀。

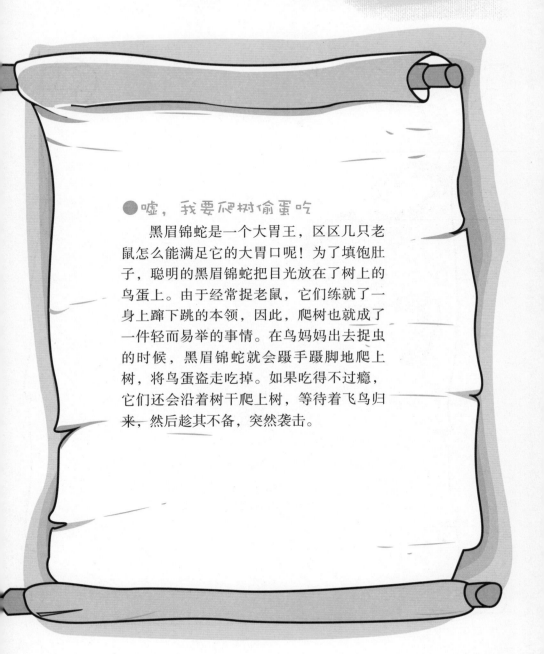

● 嘘，我要爬树偷蛋吃

　　黑眉锦蛇是一个大胃王，区区几只老鼠怎么能满足它的大胃口呢！为了填饱肚子，聪明的黑眉锦蛇把目光放在了树上的鸟蛋上。由于经常捉老鼠，它们练就了一身上蹿下跳的本领，因此，爬树也就成了一件轻而易举的事情。在鸟妈妈出去捉虫的时候，黑眉锦蛇就会蹑手蹑脚地爬上树，将鸟蛋盗走吃掉。如果吃得不过瘾，它们还会沿着树干爬上树，等待着飞鸟归来，然后趁其不备，突然袭击。

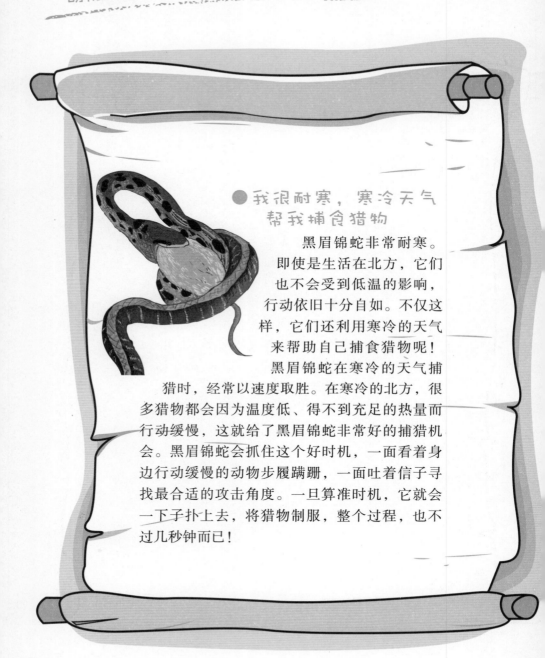

● 我很耐寒，寒冷天气
帮我捕食猎物

　　黑眉锦蛇非常耐寒。即使是生活在北方，它们也不会受到低温的影响，行动依旧十分自如。不仅这样，它们还利用寒冷的天气来帮助自己捕食猎物呢！

　　黑眉锦蛇在寒冷的天气捕猎时，经常以速度取胜。在寒冷的北方，很多猎物都会因为温度低、得不到充足的热量而行动缓慢，这就给了黑眉锦蛇非常好的捕猎机会。黑眉锦蛇会抓住这个好时机，一面看着身边行动缓慢的动物步履蹒跚，一面吐着信子寻找最合适的攻击角度。一旦算准时机，它就会一下子扑上去，将猎物制服，整个过程，也不过几秒钟而已！

动物档案

德州鼠蛇

类目：爬行纲有鳞目游蛇科

体长：2.5米左右

模仿响尾蛇躲避危险

德州鼠蛇很长，体型粗大。遇到危险的时候，它第一反应是不动，将自己的身体扭成数结。德州鼠蛇在捕获猎物之后，先将猎物制服，然后紧紧缠住猎物，直到猎物窒息而死，然后才慢慢地享受猎物。

● 我可是个攀爬能手，上树吃鸟蛋

德州鼠蛇是出了名的攀爬能手，它们经常利用自己完美的攀爬技术作为捕猎的手段。因为地面上食物有限，德州鼠蛇为了不饿肚子，决定利用自己的攀爬能力去高一点的地方觅食。当远远地看到树上有一窝鸟蛋的时候，它们就再也按捺不住了。利用自己身体的肌肉，它可以快速地爬上树，就算没有枝丫的帮助也不怕。它会以最快的速度移动到高高的枝丫上，观察四周的情况，确定安全时才会伸出头去吞鸟蛋，动作娴熟得令人惊诧。

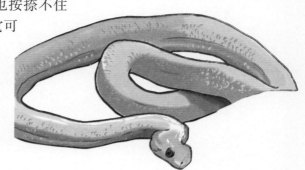

● 卷起身子，拍枯叶，伪装成响尾蛇

德州鼠蛇为了躲避危险，有一个特殊的本事，就是模仿。因为德州鼠蛇属于无毒蛇，所以当它遇到危险的时候，并不能用毒液和毒牙化险为夷，于是它灵机一动，学起了响尾蛇的模样。它首先将自己的身子扭成好几卷，然后用尾巴不断地拍打地上的枯树叶，这样也能发出类似响尾蛇一样的警告式响声了。很多敌人一听到"啪啦"的响声，就以为自己惹到了蛇中大哥响尾蛇了，于是匆忙逃遁。聪明的德州鼠蛇就利用这种小聪明躲过了一劫。

●我很温柔，不攻击人类

　　德州鼠蛇在面对比它能力大很多的人类的时候，会表现出很温柔的一面。它聪明地发现，只要自己不去主动攻击人，人似乎对它没有什么恶意。因此，它很少会主动攻击人类，甚至还会博取人们对它的喜爱，成为人们的玩伴。看来，德州鼠蛇面对不同的对手，真是有不同的方法啊。

动物档案

日本锦蛇

类目：有鳞目游蛇科

体长：1～2米

口臭也是一门逃跑绝技

日本锦蛇是体型最大的日本蛇类之一，雌蛇通常比雄蛇大一些，体色有棕色、青色和橄榄色，蛇体上布满了粗糙的鳞片，具有很强的抓缘力，头部为四角形。日本锦蛇能够适应各种环境，在平原、森林、水边、山地都能看到它的身影。

●追着美食满处跑

日本锦蛇可是一个十足的吃货。它可以攀爬到大树的顶端，也可以爬进脏兮兮的地下水管道，就是为了填饱肚子。日本锦蛇喜欢的食物十分广泛，上到树木顶端鸟巢中的鲜美鸟类和鸟蛋，下到生活在下水管道中肥硕的大老鼠，它还喜欢吃幼蛇、青蛙等两栖动物。不管是哪一种美食，日本锦蛇都有办法吃进肚里。有的时候，你甚至可以看到它为了捕捉猎物进入民宅，把居民吓得够呛，它却不以为然，因为只要可以追上美食，其他的对它来说都无所谓啦。可以这样说，哪里有美食，哪里就有日本锦蛇的身影。

●遇到危险，口臭帮我逃跑

不要以为日本锦蛇的口臭是因为吃了太多的猎物导致消化不良造成的，口臭可是它的独门绝技呢。日本锦蛇在遇到危险的时候，并不习惯马上出击，不会同敌人展开猛烈厮打，而是施展它的看家本领——口臭绝技。它会从口中释放出一股臭味，这种臭味可以让敌人

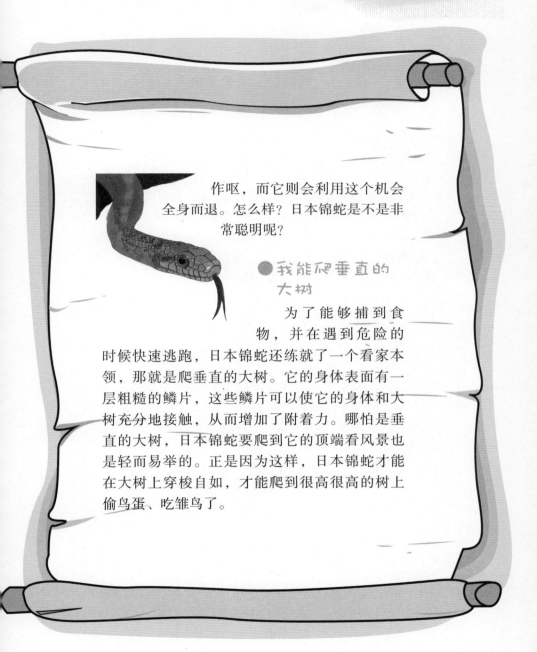

作呕，而它则会利用这个机会全身而退。怎么样？日本锦蛇是不是非常聪明呢？

● 我能爬垂直的大树

为了能够捕到食物，并在遇到危险的时候快速逃跑，日本锦蛇还练就了一个看家本领，那就是爬垂直的大树。它的身体表面有一层粗糙的鳞片，这些鳞片可以使它的身体和大树充分地接触，从而增加了附着力。哪怕是垂直的大树，日本锦蛇要爬到它的顶端看风景也是轻而易举的。正是因为这样，日本锦蛇才能在大树上穿梭自如，才能爬到很高很高的树上偷鸟蛋、吃雏鸟了。

动物档案

金环蛇

类目：爬行纲蛇目眼镜蛇科

体长：1～2米

在下雨天猎物放松警惕时捕食

金环蛇全身为黑色，蛇体上有较宽的金黄色环纹，而且黑黄二色的宽度大约相等，头背为黑褐色，枕部有浅色倒"V"形斑，头为椭圆形。背脊隆起呈脊，躯干横切面略微呈三角形，尾巴末端呈圆锥形。头部呈椭圆形，和颈部的区分较明显。金环蛇栖息在平原或低山中植被茂盛、接近水源的地方，喜欢在晚上的时候出来活动。

●我为猎物准备好毒液

金环蛇是一种十分聪明且高傲的前沟牙剧毒蛇。每次外出活动时，它们都会十分小心谨慎，并时刻将致命的毒液放在前沟牙中以备不时之需。当看到喜爱的猎物时，它会悄悄地向猎物移动，一旦瞅准机会，会立即出击，被它的毒液击中的猎物就等于判了死刑。

●不动或尽量少动，就不用捕食了

金环蛇知道只要有运动，就会有能量消耗。能量被消耗之后，必须进食补充能量，但它们又懒得动，不愿意外出捕食。那该怎么办呢？最后，懒惰的金环蛇想到了一个方法——不动或尽量少动。所以，它们总是将自己盘在树上，躲在杂草或者木材堆中，行动格外缓慢。如果不饿，它会像一个没有生命的木偶，趴在树上一动也不动。这样的"潜伏"行为大大减少了它体内的能量消耗，从而保证它即使长时间不进食，体内热量依然够用。

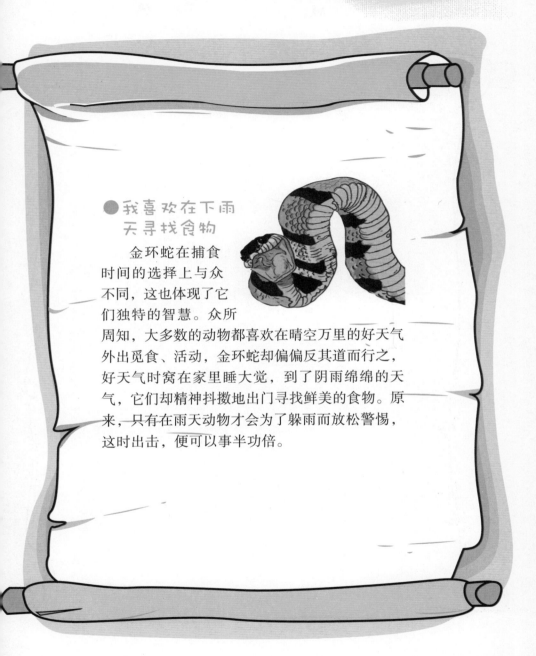

● 我喜欢在下雨天寻找食物

金环蛇在捕食时间的选择上与众不同，这也体现了它们独特的智慧。众所周知，大多数的动物都喜欢在晴空万里的好天气外出觅食、活动，金环蛇却偏偏反其道而行之，好天气时窝在家里睡大觉，到了阴雨绵绵的天气，它们却精神抖擞地出门寻找鲜美的食物。原来，只有在雨天动物才会为了躲雨而放松警惕，这时出击，便可以事半功倍。

● 我埋，我埋，我的宝宝我的爱

别看金环蛇是剧毒蛇，平时凶巴巴的，还会吃一些弱小的蛇类，但对于自己的宝宝，它们则是十分爱护的，并会运用自己的智慧来守护宝宝。蛇宝宝在蛋壳中未出生时，没有任何自保能力。蛇爸爸与蛇妈妈便将蛇蛋宝宝放在一个凹陷的小坑里，然后将周围的枯枝烂叶盖在上面，或是将蛇蛋宝宝藏在深深的洞穴中。这样一来，爱吃宝宝的坏家伙们就找不到蛇宝宝的踪迹啦。

动物档案

黄环林蛇

类目：爬行纲有鳞目游蛇科

体长：1.5~2.3米

会总结经验的伪装达人

黄环林蛇喜欢栖居在树上，晚上出来活动。黄环林蛇的毒性弱，对人类不具有威胁性。

● 我从被动防守变成主动攻击，迷惑你

黄环林蛇的聪明在于它们吸取了很多蛇的经验教训，并且有效地将蛇家族的秘密武器结合在一起，用在自己的身上。

比如，当它遭到攻击的时候，它也会狡猾地表现出典型的防御姿态，似乎并没有去攻击的意思，只是想要防守，然后趁机会逃走。当然，如果你这样想，那就错了。因为它是在误导你。当你对它放松警惕的时候，它就会从被动防守转化成了主动进攻，把对方打个措手不及。

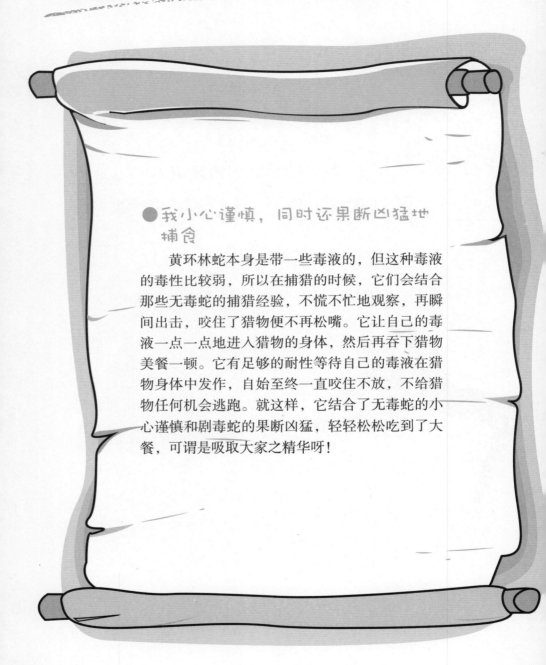

● 我小心谨慎，同时还果断凶猛地捕食

　　黄环林蛇本身是带一些毒液的，但这种毒液的毒性比较弱，所以在捕猎的时候，它们会结合那些无毒蛇的捕猎经验，不慌不忙地观察，再瞬间出击，咬住了猎物便不再松嘴。它让自己的毒液一点一点地进入猎物的身体，然后再吞下猎物美餐一顿。它有足够的耐性等待自己的毒液在猎物身体中发作，自始至终一直咬住不放，不给猎物任何机会逃跑。就这样，它结合了无毒蛇的小心谨慎和剧毒蛇的果断凶猛，轻轻松松吃到了大餐，可谓是吸取大家之精华呀！

● 你以为我颜色艳丽有毒，骗你啦

黄环林蛇长着漂亮的外表，皮肤是黄黑相间的，黄的黄灿灿，黑的黑黝黝，看起来耀眼又娇艳。它们会利用漂亮外表来威胁敌人和误导对手。因为大部分动物都会认为颜色异常漂亮和艳丽的动物都是身带剧毒的，但是它们不知道黄环林蛇可是个例外呢。黄环林蛇每次遇到危险的时候，都会将自己艳丽的皮肤亮出来，摆出一副不可一世的样子，好像在对敌人说："我可是不折不扣的毒蛇，我一张嘴，你就跑不掉了！"大部分动物遇到这种有威胁性的美丽蛇，都会吓得逃之夭夭。

动物档案

瘦蛇

类目：爬行纲有鳞目游蛇科

体长：1米左右

装成树枝的高手

瘦蛇的体色为灰色、绿色和褐色，身体纤细，头部细长，尾巴也比较长，吻端较为突出。有轻微的毒性。视力特别好，瞳孔为水平状，可以看到很远的地方。瘦蛇的视力可能是蛇类动物里最好的。

●迷惑猎物，将自己装扮成树枝

瘦蛇体色多为翠绿色，它们身体不粗壮，非常纤细，看起来就像一根树枝。瘦蛇知道自己的模样像极了树枝，所以它将计就计，把伪装做得更好。因为它们有很好的自控能力，可以控制身体长时间一直保持一个姿态，所以每当它们想要迷惑猎物的时候，就会一动不动地待在树上，让对方误以为只是一根不起眼的树枝，而非一条蛇。当猎物一步一步靠近的时候，它就会慢慢移动到离猎物更近的地方，然后张开大嘴，狠狠地咬住猎物，将自己后沟牙上的毒液喷射出来，等待猎物不再挣扎了，就把猎物吞进肚子里。

●摆动身躯，靠近猎物

其实，瘦蛇的伪装还远不止这些。瘦蛇为了使自己和树上的叶子更像，还学会了一项本领，那就是可以随着风来回摆动。当没有风的时候，它纹丝不动地盘在树上，一旦有风吹过，它就会左右摇摆身体。如果猎物不仔细观察，很可能会把它当成一片随风摆动的叶子。

它会趁着猎物还没有发现自己的时候，利用自己的伪装，随风摇摆，一点一点向前，靠近猎物，直到把猎物吃进嘴中。

● 运用好视力，更好地捕猎和防备敌人

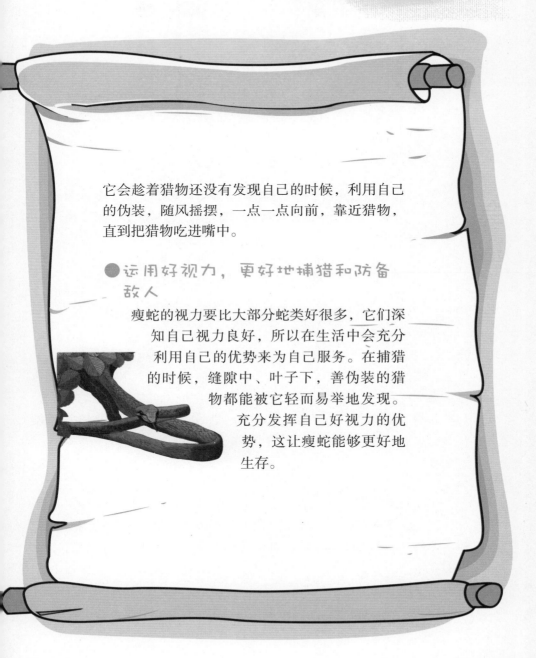

瘦蛇的视力要比大部分蛇类好很多，它们深知自己视力良好，所以在生活中会充分利用自己的优势来为自己服务。在捕猎的时候，缝隙中、叶子下，善伪装的猎物都能被它轻而易举地发现。充分发挥自己好视力的优势，这让瘦蛇能够更好地生存。

23

动物档案

印度蟒

类目： 爬行纲有鳞目蟒科

体长： 约4米

装温柔保证自己的安全

印度蟒身体结实，栖息在草原、岩石、树林和河谷地带。没有毒性，居住在树上，一般生活在靠近水边的地方。印度蟒行动缓慢，能够被人类驯服。

● 大个头很温顺，赢得了良好的生存环境

印度蟒虽然是蛇家族中不折不扣的巨人，但它们走的却是"温柔路线"。在它们看来，只要别人不招惹它们，它们也会以礼相待，不会主动招惹是非。其实，这就是它们高明的"外交政策"。它们利用自己温顺的特点，赢得了很多动物的好感，所以，大多数的动物不会与之为敌，更不会主动攻击它们。它们也因此赢得了安全、和平的生存环境，为自己的生存和繁衍后代创造了有利的条件。

● 遇到危险，我就跳进水里逃走

印度蟒个头太大，在陆地上行走会受到一定的限制，但是它并没有因此而自暴自弃，不能呈S形路线行走，就走直线；在陆地行走很笨拙，那就努力练习水中本领。这样转换角度的生存方式，让它们直接由弱者晋升为强者。每当遇到危险时，它们就朝着水源直线冲刺，然后将身子探进水里，一溜烟就不见了踪影，让追击者无功而返。

● 没有毒牙和毒液，我压死
　猎物

　　印度蟒没有毒牙，不能利用毒液猎食，那它要如何获得食物的呢？印度蟒有巨大的身体，是它就利用身体来压死猎物。所以，每当印度蟒发现猎物之后，它立即用又长又粗的身体将猎物卷起来，然后催动自己身体里的肌肉施压猎物，使猎物丧命。

● 为了逃命，我会将吃到肚子里的
食物吐出来

大食量的印度蟒通常会找一些体型较大的猎物来吃，这样，它吞咽食物所花费的时间就会比较长。如果在这时遇到敌人，通常情况下，为了快速逃离危险，印度蟒会毫不犹豫地将吃到肚子里的食物吐出来，使身体变得更加灵活，身体的柔韧度变得很好，这就为它逃命创造了有利的条件。

球蟒

类目：爬行纲有鳞目蚺科

体长：1~2.5米

卷成球逃避危险

球蟒体型较小，栖息在草原、森林，在树上和地下都能生活。不喜欢强烈的光线，经常在黎明和黄昏的时候活动、觅食。雌性的球蟒每次会下4~10枚蛋，然后盘住蛋直到3个月后蛋孵化，在这期间，雌蟒不进食，一直守护着蛋。

● 一害怕就卷成球来保护自己

球蟒因为不够凶猛，所以经常会遇到危险，但这时它不会像其他蟒蛇一样偷偷地溜走，因为它有自己的方法来躲避危险。一旦球蟒感到紧张或者有危险来临，它就会将身体蜷缩成一个很紧很紧的球，并且脑袋埋在身体的中心。这样不仅能够防止对手袭击自己的头部造成致命的伤害，还能够起到很好的伪装作用。凭着这一奇特的技能，球蟒荣登了捕食者最讨厌的蛇类榜首。

● 在夜晚视力好，收获多

聪明的球蟒知道，夜晚的时候，很多小型的哺乳动物都会减少戒备心理，有一些甚至已经入眠，这正是抓捕猎物的好时机。所以，每天天渐渐暗下来之后，球蟒便开始了自己捕猎觅食的行程。它们会利用自己很适应黑暗环境的眼睛和嘴巴边缘的"热源感应器"找到美食，然后小心地爬过去，飞速咬住猎物，并且用身体缠绕起来，直至猎物死亡。

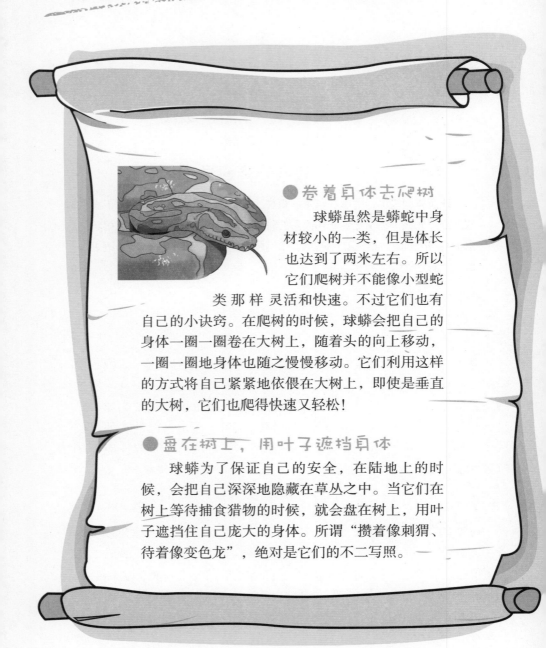

● 卷着身体去爬树

球蟒虽然是蟒蛇中身材较小的一类，但是体长也达到了两米左右。所以它们爬树并不能像小型蛇类那样灵活和快速。不过它们也有自己的小诀窍。在爬树的时候，球蟒会把自己的身体一圈一圈卷在大树上，随着头的向上移动，一圈一圈地身体也随之慢慢移动。它们利用这样的方式将自己紧紧地依偎在大树上，即使是垂直的大树，它们也爬得快速又轻松！

● 盘在树上，用叶子遮挡身体

球蟒为了保证自己的安全，在陆地上的时候，会把自己深深地隐藏在草丛之中。当它们在树上等待捕食猎物的时候，就会盘在树上，用叶子遮挡住自己庞大的身体。所谓"攒着像刺猬、待着像变色龙"，绝对是它们的不二写照。

动物档案

森蚺

类目：爬行纲有鳞目蚺科

体长：4~6米

坚持不懈的力量型选手

森蚺身体粗壮，体型巨大，皮厚力气大。是世界上最重最长的蛇之一，其重量最重可以达到150千克。它喜欢栖息在浅水或泥岸中，是亲水性很强的蛇类。

● 我的力气够大，能将猎物压得粉身碎骨

森蚺是世界上最大的蛇类。那么，你知道它们是利用什么来捕猎的吗？没错，就是用力量压倒别人。森蚺全身的肌肉都很发达，它们利用体形的优势来捕捉猎物。所以当它们捕食猎物的时候，不会像眼镜王蛇那样利用毒液将猎物制服，而是利用自己的大力气将猎物卷起来。它们只要蜷曲身体，就可将猎物压个粉身碎骨，真可谓是以力量进行杀戮的杀手了。

● 晒太阳，把身体调节到适合捕猎的状态

　　森蚺是典型的夜间出没的动物。之所以能在夜晚出没，是因为它们在白天的时候做好了外出的充分准备。我们都知道，蛇是冷血动物，所以白天的时候，森蚺只有一件事情要做，那就是懒懒地躺在地上晒太阳。它的身体受热才会变得灵活和敏捷，它把自己的身体调节到最适合捕猎的状态，才会开始自己的捕猎活动。做好充分的准备再出击，才能确保战斗的胜利啊。它是不是很聪明呢？

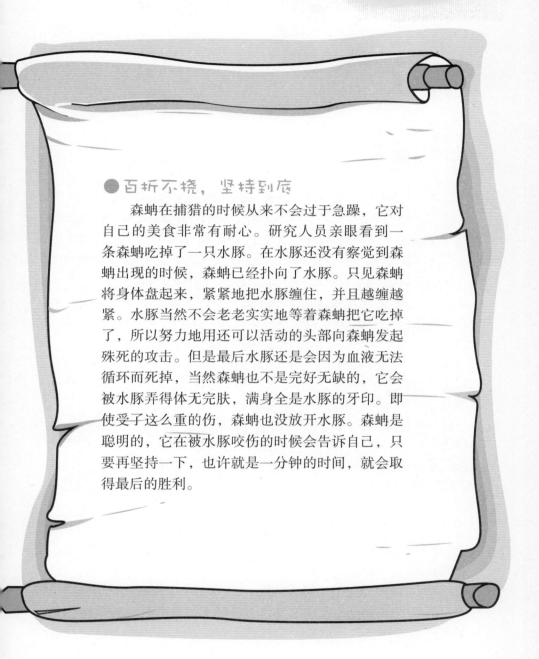

● 百折不挠，坚持到底

　　森蚺在捕猎的时候从来不会过于急躁，它对自己的美食非常有耐心。研究人员亲眼看到一条森蚺吃掉了一只水豚。在水豚还没有察觉到森蚺出现的时候，森蚺已经扑向了水豚。只见森蚺将身体盘起来，紧紧地把水豚缠住，并且越缠越紧。水豚当然不会老老实实地等着森蚺把它吃掉了，所以努力地用还可以活动的头部向森蚺发起殊死的攻击。但是最后水豚还是会因为血液无法循环而死掉，当然森蚺也不是完好无缺的，它会被水豚弄得体无完肤，满身全是水豚的牙印。即使受了这么重的伤，森蚺也没放开水豚。森蚺是聪明的，它在被水豚咬伤的时候会告诉自己，只要再坚持一下，也许就是一分钟的时间，就会取得最后的胜利。

动物档案

竹叶青

类目：爬行纲有鳞目蝰科

体长：60～90厘米

身穿迷彩服的猎食者

竹叶青蛇全身为绿色，腹部的颜色稍浅，有的呈草黄色，头大，呈三角形，背部有小鳞片。从颈部之后，身体的侧面经常由背鳞缀成的左右分别一条白色的纵线，或者是红色的纵线，或者为黄色纵线。尾巴较短，眼睛为红色，眼睛与鼻孔之间有颊窝，头背上都是鳞片。它栖息在山区的草丛中、灌木上、岩石边，喜欢在阴雨天活动。

●利用迷彩服捕猎太爽了

竹叶青蛇天生就穿着一件迷彩服，通身都是绿色的，只有腹部才能看到一些稍浅的草黄色，所以，它们充分利用这一优势，将自己活动与觅食的地点选在了竹林、山林和菜地等地方。在捕食的时候，它们还非常喜欢将自己的身子缠在树叶的枝丫上，如此一来，视力再厉害的猎物都很难察觉。它们只需要静静地等着猎物靠近，然后，瞅准机会突然发起攻击，将猎物拿下。

●喷出毒液之前，我先用眼神吓退你

竹叶青蛇是攻击类的毒蛇，当遇到危险的时候，坐以待毙可不是它的作风。一般来讲，这个凶猛的小家伙一定会选择主动出击，但是在它喷出毒液之前，它还会使用一个杀手锏来吓退敌人，那就是利用它那双红色的眼睛。在绿色身体的映衬下，这双红色的眼睛犹如一团火焰，好像在告诉敌人："我已经生气了，你再不走，后果很严

重！"是的，用这种外部优势来吓跑敌人，能够有效地避免不必要的争斗，保护自己的安全。

●我的身体中有体温探测器哦

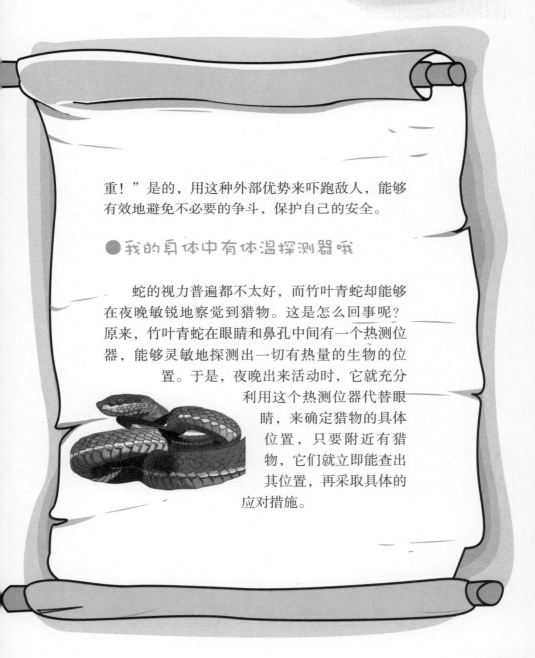

　　蛇的视力普遍都不太好，而竹叶青蛇却能够在夜晚敏锐地察觉到猎物。这是怎么回事呢？原来，竹叶青蛇在眼睛和鼻孔中间有一个热测位器，能够灵敏地探测出一切有热量的生物的位置。于是，夜晚出来活动时，它就充分利用这个热测位器代替眼睛，来确定猎物的具体位置，只要附近有猎物，它们就立即能查出其位置，再采取具体的应对措施。

角响尾蛇

类目：爬行纲有鳞目蝰科

体长：45～75厘米

挖深洞躲避炎热

与大多数的响尾蛇一样，角响尾蛇的尾巴上长有响环，这主要是由它身体的一部分干鳞片组成的。这些鳞片曾经也是具有生命活力的皮肤，变成死皮之后就变成了干鳞片。角响尾蛇会摇动响环，向入侵者发出警告：被我咬到是要中毒的！

●我在沙漠中挖很深很深的洞

生活在沙漠中的角响尾蛇为了让自己的生活过得更好，想了很多好主意，比如它们会开发沙漠地下的资源。沙漠实在是太热了，连沙子都滚烫滚烫的。为了不使自己的皮肤被晒伤，角响尾蛇会把自己的洞穴安在地底下。它们会在地上挖一个洞，通常会挖很深，来克服沙漠中的巨大温差，这样它就可以安安心心地睡在里面，远离户外的极端温度了。同时，深深的洞穴还能使其免受其他动物的打扰，一举两得。

●会"唱歌"的尾巴吓跑不速之客，引来猎物

不要以为角响尾蛇会"唱歌"的尾巴没有作用，其实，会"唱歌"的尾巴是警告那些不速之客与引诱猎物的秘密武器。如果有不速之客进入角响尾蛇的地盘，它们就会摇晃尾巴。尾巴上的响环发出有规律的声音，好像一首索魂曲，向对方昭示着："这是我的地盘，你要是再不走，别怪我不客气了。"而不速之客很多时候都会被其"魔

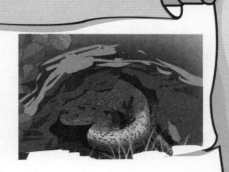

鬼音乐"吓跑。此外，当它们发现不远处有自己期盼已久的美味佳肴时，它们也会摇起尾巴，引诱猎物上钩。猎物们听到角响尾蛇的"摇尾曲"，就会像中了魔一样，向它走去。结果，可怜的猎物们就成了角响尾蛇的美食。

● 像螃蟹一样横着走，能避免被滚烫的沙子灼伤

　　沙漠中沙子的温度特别高，如果角响尾蛇循规蹈矩还是走S形路线，那么，必然会被滚烫的沙子灼伤。该怎么办呢？别着急，聪明的角响尾蛇早就有了好办法。它们采用一种奇特的横向伸缩的方式穿越沙漠。这样的爬行方式可以有效地帮助它们轻松地抓住松软的沙子，使身体尽可能少的部位接触到沙子。

眼镜王蛇

类目：爬行纲有鳞目眼镜蛇科

体长：3～4米

靠舌头就能称王

眼镜王蛇性情凶猛、动作敏捷，身体内含有剧毒。它栖息在草地、树林和空旷的坡地上，以其他的蛇类为食。

●又盲又聋，看世界全靠舌头

眼镜王蛇是个十足的近视眼，而且因为它们的耳朵没有鼓膜，所以听不到任何声音。但是眼镜王蛇可不是自暴自弃的家伙，它们聪明地运用了舌头来弥补自身的不足！它的舌头非常灵敏，可以通过身边的空气去侦察敌情，并且准确地判断正向它逼近的到底是哪一种生物。一旦发现猎物的存在，它就会用舌头判断一下情况，然后再找准时机发起进攻。

●没毒的就不耽误时间，有毒的就打得你精疲力尽

眼镜王蛇可谓是蛇中老大了，弱肉强食，它总是吃其他种类的蛇。眼镜王蛇在捕猎时是有很多讲究的。遇到其他蛇类，它不会盲目地立即攻击，而是先分辨对方的种类。如果对方不是毒蛇，眼镜王蛇就不会再耽误时间了，直接进行攻击，咬住对方的身体，等待毒性发作，然后将它吞进自己的肚子里。如果遇到的是毒蛇，那眼镜王蛇就来了兴致，它会不断地对毒蛇进行挑衅，直到对方被它攻击得精疲力尽，这时它才会抓准时机，对其下手。

● 面对强敌，两手准备

眼镜王蛇在遇到势均力敌的对手时，会采取分步战略。首先，它会将身体前1/3的部分竖起来，并且张开嘴露出锋利的毒牙。它还会不时发出"嘶嘶"的声音，希望对方知难而退。因为在眼镜王蛇看来，对方实力不弱，即使能拿下，也很费工夫，所以，能不打就尽量不打。但是，如果对方并不打算退让，那么，眼镜王蛇也不会客气，立即采取第二方针。它先用舌头感知对方的具体位置，然后暗暗准备毒液并寻找出手时机。一有机会，它就将毒液喷向对方。

● 毒液喷到眼睛上，看你还逃不逃

眼镜王蛇的舌头非常敏感，这就保证了它的每次攻击都能做到准确无误。当眼镜王蛇找准目标后，会迅速喷出毒液，把毒液几乎是百分之百地喷到对手的眼睛里，让对手在第一时间失明。这样，不管是人类还是其他生物，因为没有了辨别方向的眼睛，就很难再进攻或者逃跑了，而眼镜王蛇就可以淡定地处理手下败将了。

虎蛇

类目：爬行纲有鳞目眼镜蛇科

体长：1～2米

不挑食才能生活得好

虎蛇身体厚实，头部宽大，身体为浅暗橘黄色、茶色、橄榄色和黑色等，有褐色和黄色的条纹。鳞片较为突出，就像重叠的盾牌一样，尤其是颈部的鳞片分布更为密集。虎蛇强健的肌肉让它在享受日光浴或者移动的时候可以更加有效地压平身子，行动更加灵活。它的毒性很强，主要利用毒素杀死猎物，对人类有致命的危害。

● 我先警告你，你不理，我再攻击你

虎蛇遇到危险时，会将颈部膨胀成扁平状，好像在警告敌人："我已经生气了，识相的就赶快离开！"如果警告不管用，它就会环顾四周，认清形势，等待时机进行攻击。虎蛇作为一种身带剧毒的蛇，很少有动物敢去招惹它。

● 适应能力一级棒，还不挑食

虎蛇具有良好的适应能力，不管是干燥的岩石边、茂密的林地，还是湿润的沼泽地，你都可以寻觅到它们的踪迹。不仅如此，它们还不挑食，不管是老鼠、青蛙还是鸟儿，都可以让它们饱餐一顿。

●晒着太阳等猎物

尽管虎蛇十分善战，总是在遇到危险的时候发起进攻，但是打架打多了也会累的，所以在猎食方面，它们就变成了小懒蛇。它们总是处在饥饿或者半饥饿状态，以守株待兔的方式等着美食佳肴自己送上门来，洒脱得像蛇中大侠。

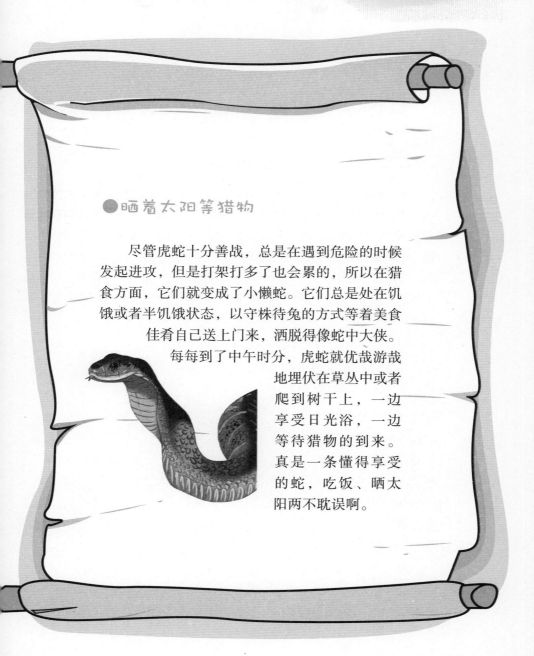

每每到了中午时分，虎蛇就优哉游哉地埋伏在草丛中或者爬到树干上，一边享受日光浴，一边等待猎物的到来。真是一条懂得享受的蛇，吃饭、晒太阳两不耽误啊。

动物档案

圆斑蝰

类目：爬行纲有鳞目蝰蛇科

体长：约1米

爱偷袭的凶猛蛇

圆斑蝰体型粗壮，尾巴短，体背呈棕灰色，且长有3条纵行大圆斑，每一个圆斑的中央都是紫色或深棕色的，周围是黑色，最外侧还长着不规则的黑褐色斑纹，腹部为灰白色，并且散布着粗大的深棕色斑。身体其他部位也布满了圆斑，圆斑的中央为紫褐色，四周为黑色，有黄白色的边。头、背部的小鳞起棱，鼻孔非常大，主要位于吻部上端。圆斑蝰在炎热的夏季喜欢待在通风阴凉处，在傍晚和夜间的时候活动捕食。

● 不给其他动物留后路

圆斑蝰做事果断又残忍，它们深知在捕猎的时候一定不能心慈手软，而且它狡猾地选择在猎物的背后下手，所以每一次捕猎都收获颇丰。在捕猎的时候，它们喜欢采用突袭的方式。当猎物走到它们的捕食范围之内时，它们会将身体的前部分向后弯曲，铆足了劲后猛然离地向猎物扑过去，咬住猎物不再松口，直到将猎物全部吞食下去。用这样的方式捕猎，既可以有效地利用身体的肌肉，也不用担心猎物趁乱逃跑。

● 受到侵犯时，呼气威胁敌人

圆斑蝰除了捕猎的时候有自己的独特方式之外，在防守方面它们也是自成一派的。很多蛇在遇到危险的时候要么趁机溜走，要么上前

进攻，但是圆斑蝰却不会这样。它们在受到侵犯的时候会将身体卷成圈，然后发出"呼呼"的出气声，身体也因此不断地膨胀收缩。它们就这样一直呼气、吸气，可以持续半个小时呢，好像是在对敌人说："老子很生气，后果非常严重！你再不走我就把你吃掉！"通常情况下，敌人会吓得赶紧逃之夭夭。

●躲在草丛中晒太阳

因为圆斑蝰是冷血动物，所以需要太阳补给温度。为了生存，它们必须去晒太阳，但是晒太阳时免不了会遇到敌人的偷袭啊。怎么办呢？这并不会难倒圆斑蝰。圆斑蝰体型并不大，一般长一米左右，重量可以达1.5千克，所以它们经常把自己隐藏在干草中，这样就不容易被敌人发现了。

动物档案

海南闪鳞蛇

类目：爬行纲有鳞目闪鳞蛇科

体长：约80厘米

用鳞片做伪装，趁机逃跑

海南闪鳞蛇的背面为蓝褐色，最下一行的背鳞为灰白色，头小而略扁，躯干为圆柱形。它白天隐藏在草丛、枯叶下方，傍晚和夜外出捕食。海南闪鳞蛇时常出现在人的住宅附近，但不会主动攻击人。

●闪闪发光似毒蛇，趁此机会赶快逃走

海南闪鳞蛇会利用自己美若天仙的样子来迷惑其他动物。当敌人发现它们的时候，看到它们明亮光泽的身体，会以为是毒蛇而万分小心，不敢轻举妄动。而海南闪鳞蛇就趁此机会逃之夭夭，只剩下对手还待在原处。

●头尾不分误导人，趁此机会向敌人进攻

海南闪鳞蛇的头很小而且很扁，尾巴也较短，这样一来，如果敌人不仔细辨认，根本分不出哪里是它们的尾巴，哪里是它的脑袋。海南闪鳞蛇利用自己脑袋和尾巴相似的特点，每当受到攻击或者遇到危险的时候，都会摇动尾巴误导敌人。很多敌人误以为尾巴是它的头部，对它的尾巴发起进攻。当敌人朝它的尾巴发起进攻时，海南闪鳞蛇就会毫不犹豫地转身，张开大嘴向正在攻击自己尾巴的敌人发起猛烈进攻，杀它一个措手不及。敌人怎么也不会想到，自己竟然找错了头！

● 白天躲藏，夜晚出动捕食

　　其实亮晶晶的身体也给海南闪鳞蛇带来了很多不方便，比如白天的时候，它们出来活动很容易被发现，别说吃不到美味的猎物，就连躲避敌人都很困难。为了自己的安危，海南闪鳞蛇可是左思右想，最后形成了夜间出动捕食的习惯，白天则隐藏在草丛和枯树叶的下面，不让自己闪闪发光的身体露在外面。等到太阳下山，它们才慢慢地出来活动，寻找自己的美食。

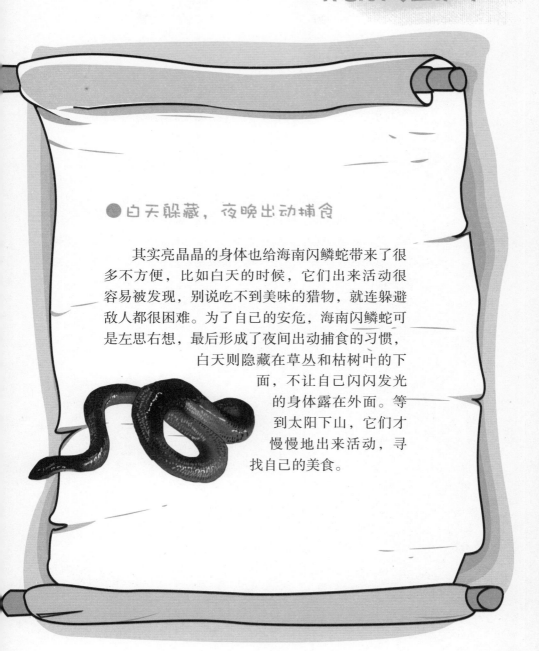

动物档案

海蟾蜍

类目：两栖纲无尾目蟾蜍科

体长：10~15厘米

全身布毒，保护自己

    海蟾蜍的皮肤干燥而且布满疙瘩。眼睛上方明显起脊，一直斜向吻部，体色主要呈灰色、黄色、赤褐色或橄榄褐色，并且分布有不同的斑纹。两只眼睛的后面都长着大腮腺。腹部呈奶白色，有黑色或褐色的疙瘩。海蟾蜍喜欢生活在开放的草原和森林，能够忍受身体失去水分而生存。

●加快进食速度，就有更多时间捕食

    海蟾蜍把大量的时间花在寻找猎物上，但是依旧不能解决吃饱肚子这个问题，为此它们伤透了脑筋，但最终想到一个好办法——它们开始学着加快自己的进食速度来帮助解决吃不饱的问题。因为进食速度变快了，它们捕捉到的昆虫就不容易逃跑，并且它们会有更多的时间去寻找下一个猎物。据报道，海蟾蜍的舌头可以以每秒3米的速度伸出去捕食那些灵巧的飞行动物，有的时候，一眨眼的工夫就已经将一只小飞虫咽到肚子里了。

●我的身体有很多毒液，欺负我等于欺负你自己

    海蟾蜍的身体中含有很多毒液，如果有生物打算把它当作美味的话，那它们就太小看海蟾蜍了。海蟾蜍会利用自己的毒液，在对手毫无察觉时把对手毒死。动物向海蟾蜍发起进攻时，会接触到海蟾蜍背部渗出的毒液。不要对它的毒液不以为然，一只海蟾蜍的毒液可以简

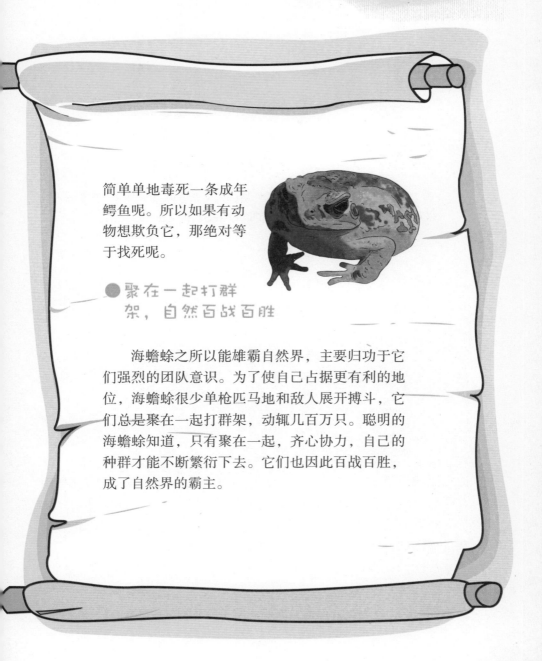

简单单地毒死一条成年鳄鱼呢。所以如果有动物想欺负它，那绝对等于找死呢。

● 聚在一起打群架，自然百战百胜

　　海蟾蜍之所以能雄霸自然界，主要归功于它们强烈的团队意识。为了使自己占据更有利的地位，海蟾蜍很少单枪匹马地和敌人展开搏斗，它们总是聚在一起打群架，动辄几百万只。聪明的海蟾蜍知道，只有聚在一起，齐心协力，自己的种群才能不断繁衍下去。它们也因此百战百胜，成了自然界的霸主。

动物档案

华西蟾蜍

类目：无尾目蟾蜍科

体长：6.9～9.8厘米

在枯叶堆中自保

华西蟾蜍属于冷血变温动物，对自身体温的调节能力弱，冬季的时候需要休眠，主要依靠体内储存的肝糖和脂肪维持生命。

●利用与环境相似的外衣，将自己隐藏起来

华西蟾蜍喜欢生活在泥土岩石间，与枯树枝、枯树叶为邻。因为不善于进攻和防守，所以为了不成为一些猎食者的口中餐，它们会利用自己与外界环境相似的外衣，把自己隐藏起来。它们通体呈乳黄色，与它们身边的那些枯树叶和泥土的颜色非常相似。它们利用这一天然优势，巧妙地将自己伪装起来，躲避了敌人的骚扰。

●用毒液恐吓敌人

由于天生性情温和又喜静，容易受到惊吓，所以华西蟾蜍很容易被其他动物欺负。这可怎么办呢？华西蟾蜍想到了办法，这就是利用自己的毒液。每当有对手前来找它决斗的时候，它会做出一种要释放毒液的姿势，这样对手会马上意识到自己遇到了一个不好惹的家伙，就很有自知之明地离开了。

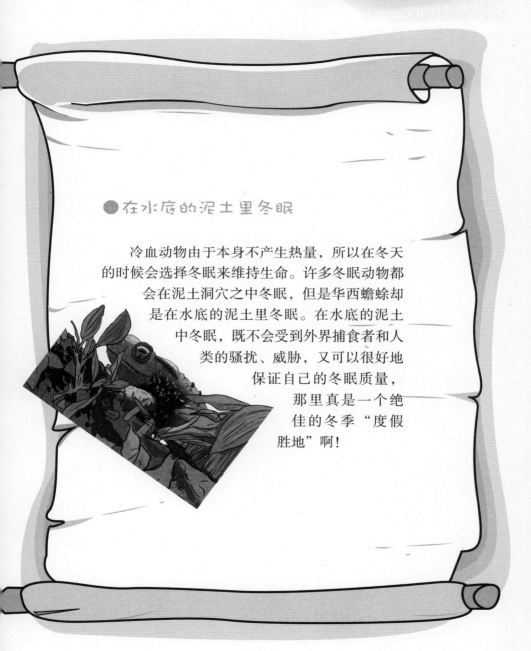

●在水底的泥土里冬眠

　　冷血动物由于本身不产生热量，所以在冬天的时候会选择冬眠来维持生命。许多冬眠动物都会在泥土洞穴之中冬眠，但是华西蟾蜍却是在水底的泥土里冬眠。在水底的泥土中冬眠，既不会受到外界捕食者和人类的骚扰、威胁，又可以很好地保证自己的冬眠质量，那里真是一个绝佳的冬季"度假胜地"啊！

动物档案

中国树蟾

类目：两栖纲无尾目雨蛙科

体长：2~4厘米

带着香味的变色蟾

中国树蟾的体型小而细长，头宽大，头部有黑褐色的眼罩，皮肤光滑，背部为草绿色，腹部白色，腹部上布满了扁平疣，体侧有很多黑点。雄性有单一鸣囊，繁殖期间鸣囊变黑，能够借此分辨出中国树蟾的性别。中国树蟾的叫声大，特别是在春夏雨后的求偶期间。

● 蟾蜍中的"香妃"，散发香味引来昆虫

电视剧《还珠格格》中有一个香妃，身带体香。但是很多人都不知道，中国树蟾可是蟾蜍家族中的"香妃"呢。在它们的身体表面有一层黏而透明的保护膜，这层保护膜带着神奇的香味。聪明的中国树蟾知道自己的与众不同，它们开动脑筋，将上天赐给它们的利器运用到了很多地方。比如在捕猎的时候，它就会散发出这样的香味。昆虫们在闻到这些香味的时候总会好奇心大发，前来探个究竟，这样一来，中国树蟾就可以利用敏捷的舌头，把昆虫卷入肚子里啦。

● 我是变色蟾蜍

中国树蟾是蟾蜍中的"变色龙"。一旦它们所处的环境发生了变化，它们的身体也会发生颜色的变化。它们以所处的环境为背景色，通过改变自身的颜色来伪装自己，不让自己处在危险状态中。

● 下雨天，我还能站在光滑的
  叶子上

　　中国树蟾在春雨或者秋雨来临的时候，会变得十分活跃。这是为什么呢？因为下雨天是它们填饱肚子的好时机。当雨水来临时，树叶就会因为雨水的冲刷而光滑起来。当一些小动物因为树叶太过光滑而死死抓住叶子害怕掉下的时候，拥有趾端吸盘的中国树蟾却能牢牢地站在叶子上，这样它们在捕猎的时候就占了上风。

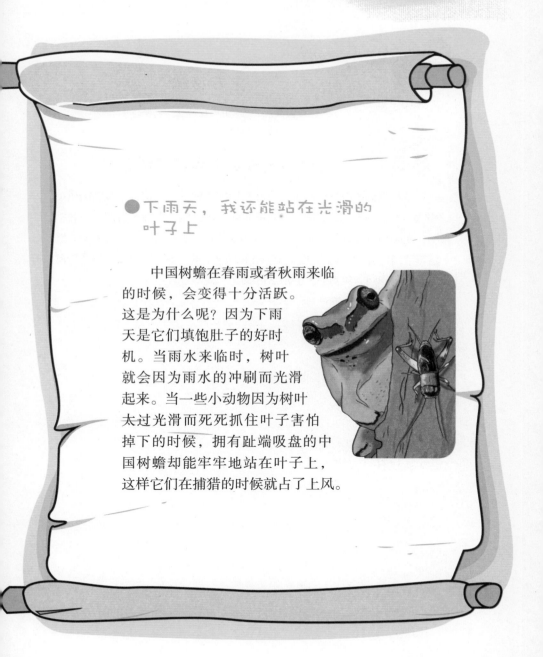

东方铃蟾

类目：两栖纲无尾目铃蟾科

体长：5厘米左右

随时间而改变颜色的"隐藏家"

东方铃蟾体型娇小玲珑，背面为灰棕色或绿色，且有一些黑色斑点和大小不同的刺疣，腹部、四肢的腹面为橘红色，有黑色斑点，皮肤粗糙。趾间有蹼，雄性没有声囊，舌头呈盘状，周围和口腔黏膜相连。繁殖季节是5~7月，每一次都可以产下数百枚卵。东方铃蟾因为其体型微小，颜色醒目，具有很大的观赏价值。

●随时间改变颜色

东方铃蟾的体色也并非是固定的。为了更好地融入大环境之中，减少其他动物对自己的侵犯和骚扰，它们会聪明地根据环境对身体的颜色进行加深或者变浅。当天色渐晚时，它们就会将身体的颜色调得暗一点，甚至可以加深到黑色。而当阳光充足时，它们就会将身体的颜色变浅。这样躲在叶子下面就不容易被发现了。

●水坑中产卵，卵不会被冲走

东方铃蟾在产卵方面有自己的高招，它们并不把自己的卵排在溪水、河水中，而是找一个小小的水坑。它们为什么要找一个水坑呢？因为把卵产在这些小水坑里，能从根本上解决蟾蜍宝宝被活水冲走的问题，而且由于东方铃蟾栖息在小山溪石下或者是草丛中，所以在栖息地四周找到一个水坑并不是一件难事。这样省时省力的好办法，为什么不用呢？

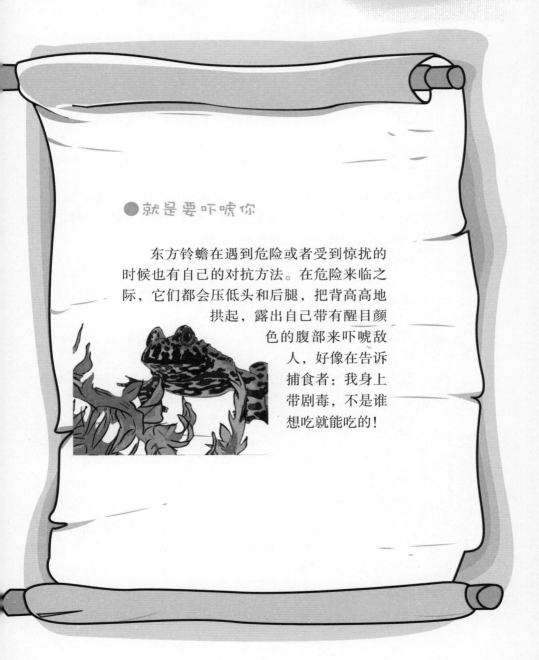

●就是要吓唬你

东方铃蟾在遇到危险或者受到惊扰的时候也有自己的对抗方法。在危险来临之际，它们都会压低头和后腿，把背高高地拱起，露出自己带有醒目颜色的腹部来吓唬敌人，好像在告诉捕食者：我身上带剧毒，不是谁想吃就能吃的！

动物档案

红腹铃蟾

类目：两栖纲无尾目铃蟾科

体长：8～10厘米

装死高手

红腹铃蟾的舌头呈圆盘状，吻端高而圆，瞳孔为圆形或心形，背面的皮肤粗糙。背部为浅绿色，有黑色斑点，腹部为橙色或红色，有黑色条纹，掌、跖部为橘红色。红腹铃蟾行动缓慢，爬行较慢。

●露出红肚皮给你看,还不快离开

红腹铃蟾行动比较缓慢，遇到危险的时候不会急急忙忙地逃跑。当对手要对它们进行攻击的时候，它们就会将头和四肢向背部翘起，这样它们美丽的腹部就可以露出来了。动物界中，一般越是美丽的动物越带剧毒，所以很多敌人看到这样艳丽的颜色都会灰溜溜地离开。

●遇到危险就装死

其实，光靠美丽妖艳的腹部，红腹铃蟾并不能完完全全逃过敌人的攻击。为了自己的生命安全，红腹铃蟾还想到了更有效的保护方法，那就是装死！每当遇到危险的时候，红腹铃蟾总会一下子倒在地上，让敌人们以为它已经死去了。在动物界中，很多动物都不吃死去的动物，因为它们害怕死去的动物携带细菌或者已经腐朽，所以当红腹铃蟾一下子倒下装死的时候，很多敌人就不再对它们有什么眷恋了，会扭头离开去寻找新的目标。

●毒液、毒液快出来

和大部分蟾蜍一样，红腹铃蟾也是有毒的。它们有粗糙的身体，在粗糙的身体下面就藏着毒素。一旦遇到危险，当它们的小聪明、小伎俩不能瞒过敌人的火眼金睛的时候，它们就会向敌人喷射自己的毒液，让敌人知道它的厉害。

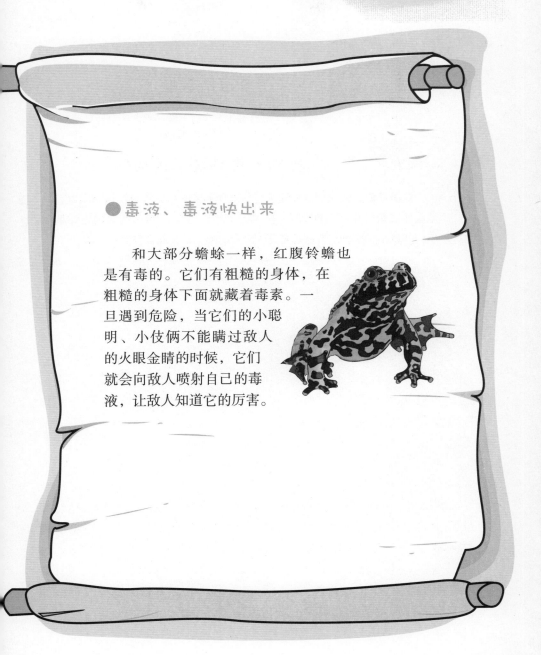

草莓箭毒蛙

类目：无尾目箭毒蛙科

体长：1.5~2厘米

能散发臭味的"魔鬼"

草莓箭毒蛙被人们认为是全世界最美丽的青蛙，同时也身含剧毒。全身色彩鲜明艳丽，典型的有红色、橘色、黄色、绿色等颜色，体型小，四肢布满鳞纹。草莓箭毒蛙的毒素很强，它在动物界没有天敌。

●用鲜艳欲滴警告你，我毒性最大

草莓箭毒蛙的身体表面有一层黏膜，看上去不仅红彤彤，红如草莓，还好像是刚刚从水中捞出来一样晶莹透亮。但实际上，它们这一漂亮的身体可不是让你欣赏的，而是起警告作用的。很多动物在很远的地方就可以看到它鲜艳的颜色，于是就不再靠近，而是掉头跑掉了。草莓箭毒蛙就这样让敌人望而生畏，逃之夭夭。所以千万不要招惹它！

●身体发出臭味熏跑你

说来也奇怪，草莓箭毒蛙这样厉害，应该不会再去费尽脑筋想办法保护自己了吧？但是事实并非如此啊！为了有个双保险，草莓箭毒蛙还有一个许多青蛙都没有的功能，就是在遇到危险的时候发出臭味。这些臭味来自它身体中的毒液，很多敌人在闻到这些味道的时候会作呕而不再靠近。毕竟一只有臭味的青蛙谁会愿意去吃呢？毒液加上臭味，让草莓箭毒蛙很少被动物攻击了。

● 无微不至的好妈妈

说到保护宝宝的办法，那就一定要提一下草莓箭毒蛙妈妈了。草莓箭毒蛙妈妈每一次产卵大概可以产下 4～5 粒。当这些卵孵化成小蝌蚪后，草莓箭毒蛙妈妈就会将小蝌蚪放到自己的背上，背着它们去树洞里，并且给小蝌蚪们喂自己未受精的卵。草莓箭妈妈一点一点地看着宝宝从小蝌蚪变成和它们一样漂亮、美丽的青蛙。

面天跳树蛙

类目：两栖纲无尾目蛙科

体长：2～5厘米

脚趾长吸盘的"变色龙"

面天跳树蛙是台湾树蛙家族中的灰姑娘，体色主要为灰褐色，体型小，身上有一些颗粒，长得像一只小蟾蜍，但是它比蟾蜍灵活多了，行动敏捷。面天跳树蛙的卵很大，像粉圆一般。

● 身体的颜色随着树枝的颜色变化

面天跳树蛙为了保护自己，也学会了伪装自己，比如随着环境的变化，它们身体的颜色会随之变化，时而深，时而浅。尽管在树上它们不能像变色龙一样变出各种颜色，但是调整自己身体颜色深浅还是没问题的。聪明的面天跳树蛙利用自己微小的颜色变化，在一些枯树枝和树叶间穿梭，等待它们的美食。所以很多人都说面天跳树蛙是台湾树蛙中的灰姑娘，因为它们大部分时间都是配合着树枝的颜色变成灰色的。

● 我的脚趾有吸盘，能"钉"在树上

面天跳树蛙有一套自己的爬树绝技。它们会利用脚趾趾端的一个膨大的吸盘，紧紧地抓住树枝，不管多么难爬的树，它们也可以利用自己神奇的脚趾将自己"钉"在树上。运用这种方法，它们能够快速地向上爬。就算是刚刚下过雨，树上湿滑，它们也不怕，照样在灌木或者小树上行动自如。这能帮助它捕捉到更多的猎物，也能逃过更多的敌人。

● 我们都是"歌唱家"

　　面天跳树蛙有一副好嗓子，叫声悦耳在交配期它非常喜欢展现自己完美的嗓音，从而引起异性的注意。为了让自己的宝宝有一个好爸爸，雌性面天跳树蛙会用嗓音吸引很多雄性面天跳树蛙，然后精心挑选中意的"夫婿"。

动物档案

扬子鳄

类目：爬行纲鳄目鼍科

体长：1.5米左右

大尾巴横扫一切

扬子鳄的全身分为头、躯干、四肢和尾，体型长，皮肤革质化，覆盖有革制甲片，背部为暗褐色或墨黄色，腹部为灰色，尾部长、侧扁。四肢短而有力，前肢有五趾，趾间无蹼，后肢有四趾，趾间有蹼。扬子鳄能在水里生活，也能在陆地上生活。

● 长尾巴能当武器、能划水、能当挖土工具

扬子鳄有一条多功能的长尾巴，它能把尾巴的用处发挥到了极致。在陆地上，为了抵御敌人，它们会把这长尾巴当作武器自卫和攻击。到了水中，这条扁尾巴就可以变成桨划水，推动身体快速向前。当需要建房子安家的时候，这条大尾巴又可以被当作挖土工具。扬子鳄好像只要摆动一下它的尾巴，什么难题都可以迎刃而解的。

● 一半时间在冬眠

扬子鳄为了保存体力，平安地度过冬天，它们会从10月一直冬眠到次年的4月，也就是说它们一年中有一半的时间都在冬眠中度过。长时间的养精蓄锐，可以让扬子鳄不会因为体力不支而被其他的动物猎杀。

●设计巧妙的洞穴

扬子鳄非常聪明，它们可以用自己的头、尾巴和锐利的趾爪快速地挖洞造房。不得不说的就是，扬子鳄的窝设计得十分巧妙，既舒适又实用。它的洞穴有很多出口，不仅有地面上的出入口和通气口，还有适合水位高度的侧洞口。有的时候它们还会在芦苇、竹林丛生的地方开出一个洞口。洞穴的内部路径幽深，纵横交错。一个巢穴不同位置的温度也有可能差别很大。这样的设计不仅可以使扬子鳄有很好的居住条件，而且在遇到危险的时候它们还可以巧妙地从洞穴中逃脱。

●抚养鳄鱼宝宝可是个技术活

扬子鳄因为自身温度低，不能直接孵化自己产下的鳄鱼蛋。为了让宝宝早早来到世间，聪明的鳄鱼妈妈会把鳄鱼蛋放到能被太阳直接照射的岩石上，这样一来，鳄鱼宝宝很快就可以破壳而出了。当小鳄鱼可以自己爬来爬去的时候，鳄鱼妈妈也会倍加小心地看护它们。当发现宝宝离自己的距离有些远，已经走出自己的保护范围时，鳄鱼妈妈就会把宝宝叼回来。虽然是叼回来，但是鳄鱼妈妈并不会伤害到自己的宝宝，因为宝宝的身上并没有牙印。

动物档案

无蹼壁虎

类目：爬行纲有鳞目壁虎科

体长：10~15厘米

把卵藏在墙缝中

无蹼壁虎的尾巴比头部和身体长，体背粒鳞大，背部没有疣鳞或是只有扁圆的疣鳞，趾间无蹼。背部为灰褐色，体背有不规则的暗色横斑，四肢有暗斑，腹面为肉色。春季多以蝇虫、蜘蛛、蚂蚁等昆虫为食，夏秋季多以蛾类为食。

● 观察，观察，再观察

无蹼壁虎从来不使蛮力，也从来不会莽撞行事。它们深知自己身体的实力并不是数一数二的，所以遇到敌人一定要开动脑筋，以智取胜。因为它们常出没于人类生活区，为了不让人类发现，它们活动时变得十分谨慎小心。准备出去捕食的时候，它们总是会在洞穴口观察很久，将四周的环境摸清楚，并且确定不会遇到什么危险，才小心翼翼地爬出来去寻找美食。而一旦判断失误，出了洞穴才发现有敌人正虎视眈眈地看着它们时，为了不招惹这些敌人，保住自己的小命，它们就会快速地回到洞穴中或者逃向黑暗的地方。

● 住在墙缝里，能更好地观察猎物们的活动

无蹼壁虎并不会对自己的居住环境过于挑剔，它们会选择墙缝作为自己的安居之所。为什么要住在墙缝里呢？这当然与它们小小的身材有很大的关系了。为了不暴露自己，小小的墙缝成为了它们最好的选择。住在大而敞亮的地方，反而会让它们处于危险之中。墙缝虽然

非常简陋狭小，却是非常好的"瞭望塔"和"观察台"，它们不仅可以看到人类的一举一动，还可以看到猎物们的活动呢。只需等到时机成熟，就可以吃到美餐了。

● 无蹼壁虎妈妈将宝宝粘在墙缝不起眼的地方

　　成年的无蹼壁虎本就是一个小家伙，它的宝宝更是小得可怜。幼小的无蹼壁虎没有一丁点的防御能力，所以无蹼壁虎妈妈要竭尽全力把它们保护起来，而最好的办法就是把它们藏起来。无蹼壁虎妈妈一次只可能生出两个卵，这种卵是有黏性的，无蹼壁虎妈妈总会把它们粘到墙缝上不起眼的地方。白色略带透明的卵，远远看去和白色的墙融为了一体，谁都不会察觉到。

● 灯下飞蛾，我的最爱

　　小心又谨慎的无蹼壁虎为了不被敌人发现，很少去光源很强的地方，不过为了填饱肚子，它也会去冒险。无蹼壁虎深知它们的猎物小飞蛾最爱灯光，于是就展开了灯光下的猎杀行动。夜晚降临的时候，无蹼壁虎早已等在灯下，当灯光亮起的时候，小飞蛾出现了。当小飞蛾停在了灯下，无蹼壁虎就会小心翼翼地爬过去，默默注视着它，然后摇一摇自己的小尾巴，伸展一下身体便迅速咬住它，一下子就咽了下去。整个动作一气呵成，不拖泥带水。

动物档案

带斑壁虎

类目：有鳞目睑虎科

体长：10～15厘米

卷着尾巴猎食

带斑壁虎的体型细长，体色为浅粉红色或黄棕色，有深色带斑和斑点。体背、腹部扁平，眼睛有能够张合的眼睑，皮肤柔软细腻，没有排列的粒鳞，脚趾细长，能够在岩石、沙丘里爬行。带斑壁虎白天躲藏在洞穴或地面的物体下，主要在夜间出来捕食。

● 我的腿长，爬得快

带斑壁虎身子又细又长，像一个苗条的小姑娘，但实际上，它们可是壁虎中的"长腿飞人"。知道人们为什么给它们起这样的名字吗？因为它们的脚趾和身子一样，也十分纤长。它们聪明地利用自己的身体优势，用脚紧紧地抓地，因为与地面的受力面加大，所以它们可以快速地在地上爬行。与其他四肢短小、身材粗大的壁虎比起来，带斑壁虎灵活多了，不仅能够抓到更多的昆虫来吃，还能躲避敌人的追捕。

● 卷起尾巴追昆虫，就不用折断尾巴了

为了躲避敌人，壁虎常常会放弃自己的尾巴，自行折断，然后快速逃跑，但是那毕竟是自己身上的一块肉啊，折断了多可惜。为了保护自己的小尾巴，带斑壁虎想到了一个很好的解决办法。它们在捕捉猎物的时候，并不会像其他动物那样，用尾巴来保持身体平衡掌握自己爬行的方向，而是卷起尾巴追猎物，这样既不用担心自己的尾巴会折断，又能吃到美食，何乐而不为呢？

● 无脑也聪明

带斑壁虎的大脑是中空的，一切行动都由脊椎发出信号。虽然没有大脑，但是并不代表带斑壁虎就是个傻子，事实证明，它们还是非常聪明的。带斑壁虎在遇到敌人进攻的时候就会发出"吱吱"的声音，不仅可以向敌人耀武扬威，还可以扰乱对手的思考，不费吹灰之力就可以起到震慑敌人的作用啦。

动物档案

马达加斯加金粉守宫

类目：爬行纲有鳞目壁虎科

体长：10~15厘米

敌人来了就装死

马达加斯加金粉守宫的背部以绿色或黄绿色为底色，躯体的后半部分有3条红色直条长纹，肩部密布着金粉状的细小斑点，头部和双眼间有2条红色的带状斑纹连接。马达加斯加金粉守宫不但能栖息在森林中，而且能够被人们所饲养。

● 我在白天能很好地伪装自己，自由活动

相较于黑夜，马达加斯加金粉守宫更喜欢在白天出没。如果你以为它们十分嚣张，不怕被凶猛的敌人发现，那就错了。它们敢在白天出没，只是由于它们翠绿色的外衣在热带雨林的衬托下实在是太不起眼了。既然不容易被发现，就巧妙地运用身体的保护色来伪装自己，白天出来寻找猎物。

● 我吃花蜜，蜜蜂来了就装死

大部分壁虎都以昆虫或者是比自己小的壁虎为食，但是马达加斯加金粉守宫并不是这样，它们非常喜欢甜食，比如软软甜甜的水果或花蜜。吃花蜜，那岂不是和蜜蜂抢食物？小蜜蜂们会不会围攻它呢？别担心，它们面对蜜蜂时很有一套。每当蜜蜂们来的时候，它们会一动不动地装死，不让蜜蜂注意到它们。一旦蜜蜂飞走了，它们就会重新活跃起来，爬上前去吃甜甜的花蜜了！

● 争强好胜，我
　的地盘你别来

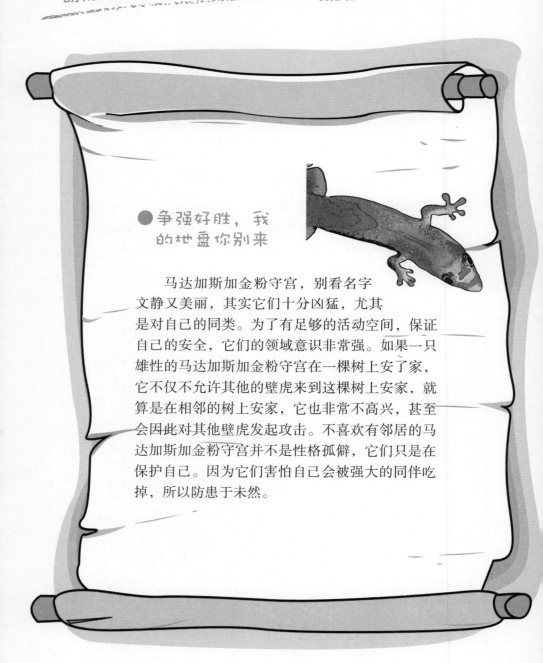

　　马达加斯加金粉守宫，别看名字
文静又美丽，其实它们十分凶猛，尤其
是对自己的同类。为了有足够的活动空间，保证
自己的安全，它们的领域意识非常强。如果一只
雄性的马达加斯加金粉守宫在一棵树上安了家，
它不仅不允许其他的壁虎来到这棵树上安家，就
算是在相邻的树上安家，它也非常不高兴，甚至
会因此对其他壁虎发起攻击。不喜欢有邻居的马
达加斯加金粉守宫并不是性格孤僻，它们只是在
保护自己。因为它们害怕自己会被强大的同伴吃
掉，所以防患于未然。

动物档案

国王变色龙

类目：爬行纲有鳞目避役科

体长：50厘米以下

摸清状况再下手

国王变色龙体型大，雌性的被称为皇后变色龙。它是一种寿命很长的变色龙，可活20年之久。国王变色龙主要生活在凉爽的高地森林地区，性格沉稳，没有攻击性。

●用长舌头突袭鸟儿

国王变色龙喜欢吃较大的昆虫、小型爬虫类和小型哺乳动物，也喜欢捕食小鸟。但是鸟儿动作灵敏，又有一双可以飞翔的翅膀，国王变色龙怎么吃到它们呢？其实国王变色龙有它的小绝招。它拥有一条又长又大的舌头，舌头是身长的1.5倍。既然有自身条件优势，当然得充分利用啦。聪明的国王变色龙在捕捉鸟儿的时候都会利用自己的长舌头进行突袭。当鸟儿出现在它附近时，它就会吐出自己的长舌头将鸟儿卷起来送进嘴里，速度快得十分惊人，并且看起来轻而易举。

●我是沉稳成熟的国王，观察之后再下手

国王变色龙像是一个阅历丰富的成熟男人，不管是保护自己还是捕捉猎物，都十分沉稳。当遇到危险的时候，并不会急于进攻，它们更愿意冷静下来，环顾四周，看一看这样的环境适不适合战斗，并且不断地观察对手的一举一动，似乎在寻找对方的弱点而后才会做出决定。而在捕捉猎物的时候，它们也不会因为眼前的大餐而慌了手脚。聪明的国王变色龙知道，心急吃不了热豆腐的！所以观察，观察，再观察，找到最适合的时机它才会下手。

●我表现得憨厚老实，能吃到更多
的猎物

　　国王变色龙因为个头大很少受到威胁，它们
性情憨厚，很少有仇家，这使得它们的生活很
安全。它们虽然外表看上去并不霸道，但这只是
它们捕食过程中的烟雾弹。大部分

时间，国王变色龙都
表现出憨厚老实的样
子，这让很多动物都
对它放松了警惕。这
些动物们没有想到，
它们已经成为国王变
色龙眼中的美味了。

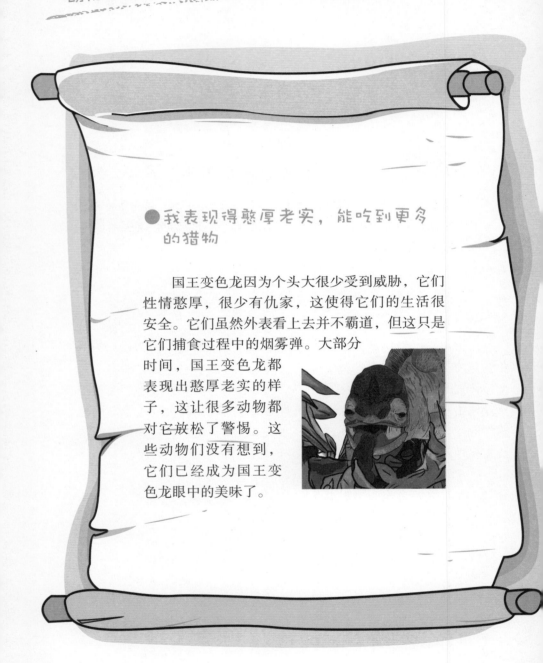

动物档案

安乐蜥

类目：爬行纲有鳞目鬣蜥科

体长：10～20厘米

脚底有黏液，垂直也能爬

安乐蜥的体色会多变，有棕色、黄色或深浅不同的绿色。趾宽大，爪子尖锐。雄性安乐蜥的喉部有一块红色或黄色的能够膨胀的大垂肉。由于它变色的本领不及变色龙厉害，所以被称为"假变色龙"。

●我是冒牌变色龙

安乐蜥属于树蜥，主要生活在树上。为了保护自己，想办法躲避那些喜欢以它们为美食的敌人，它们就学起了变色龙。安乐蜥并不是变色龙，尽管在很多地方的宠物店，人们都将安乐蜥当作变色龙来出售。其实它并没有变色龙那么厉害的变色方式，而只能依靠自己的情绪或者感受身边的环境，来对自己的体色做稍微的调整。但是不要轻视这略微的调整，这样的调整已经足够让安乐蜥躲避敌人了。比如当栖息在树上的时候，它就会自然而然地将自己的身体变成绿色，而当趴在土地上的时候，它又会把自己的身体变成土黄色。

●我爬得快，还能竖着爬行

安乐蜥会利用自己先天的优势和后天的睿智来对付猎物。它们的脚掌布满了细小的钩子，而且脚趾还具有非常强的黏性。在行走的时候，它们会利用自己先天的优势，用布满脚掌的小勾子来勾住植物，用脚趾上的黏液粘住岩石。这样即使在垂直的地方，它们也可以爬得很快。千万不要小瞧了这个看似简单的动作，由于可以竖着爬行，它

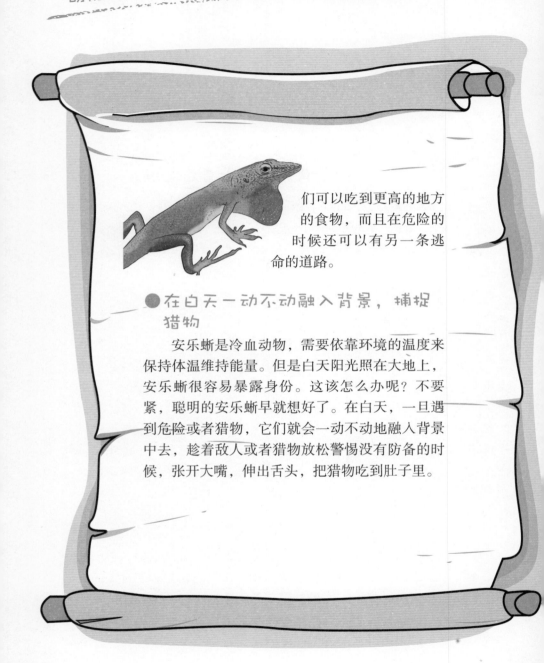

们可以吃到更高的地方的食物，而且在危险的时候还可以有另一条逃命的道路。

● 在白天一动不动融入背景，捕捉猎物

安乐蜥是冷血动物，需要依靠环境的温度来保持体温维持能量。但是白天阳光照在大地上，安乐蜥很容易暴露身份。这该怎么办呢？不要紧，聪明的安乐蜥早就想好了。在白天，一旦遇到危险或者猎物，它们就会一动不动地融入背景中去，趁着敌人或者猎物放松警惕没有防备的时候，张开大嘴，伸出舌头，把猎物吃到肚子里。

菲律宾海蜥

类目：爬行纲有鳞目飞蜥科

体长：80～100厘米

跳水健将，水上"飞人"

菲律宾海蜥的体型较大，全身为灰色，尾巴隆起像帆状，背部的中间有一列膨大的棘状突起。性格害羞，容易紧张，一旦受到惊吓，它就会迅速地从树上跳入水中逃走。

●我是跳水健将

普通的蜥蜴遇到危险时，不是选择主动出击，就是利用自己的小聪明逃之夭夭，菲律宾海蜥却不会如此，它们有一个其他蜥蜴都没有想到的脱险方法，那就是跳水！它们在遇到劲敌的时候，纵身一跃，"扑通"一声跳进水中，在空中留下完美的弧线。逃到水中的菲律宾海蜥就自在多了，因为水中才是它们的地盘，它们的地盘当然由它做主啦。

●请叫我水上飞，我可以在水上跑起来

菲律宾海蜥是可以在水上跑步的。怎么，你不相信？可这的的确确是真的呢。它们可以利用自己像船帆一样的大尾巴来保持平衡，再加上脚趾有蹼，对水中的环境又十分了解，所以在水上跑起来也就不奇怪了。如果在陆地上逃跑它们不占优势，那么在水中逃跑绝对没有谁能追得上它。所以每次遇到危险，菲律宾海蜥都会赶快往水中跳，这样就可以逃过很多动物的围追堵截了。

●四处乱蹦，趁机捕食或逃跑

　　菲律宾海蜥是个十分喜欢蹦蹦跳跳的家伙，它们为什么要到处乱蹦呢？难道得了多动症吗？其实不然，它们这样做除了能够以最快的速度寻找猎物外，还能够误导敌人。因为它们的个子非常小，行动又非常灵活，这样跳起来就容易把敌人弄得眼花缭乱，它们就可以趁机逃跑或者捕食猎物了。

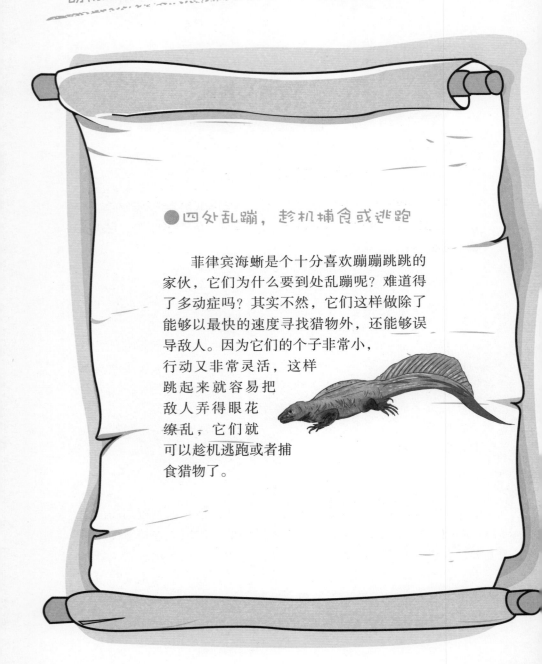

褶伞蜥

类目：爬行纲有鳞目鬣蜥科

体长：80～100厘米

变出雨伞，吓跑敌人

褶伞蜥的体型中等，头颈部长着一个能够张开的皱边，身体微扁，全身布满很多细小的鳞片。它能够用后腿站立，前肢和尾巴悬空。褶伞蜥以昆虫、蜘蛛和小型哺乳动物为食物。

● 我能变出雨伞来，吓跑你

褶伞蜥颈部周围的鳞状膜皱褶很宽，可以在愤怒的时候膨胀伸展开来，就好像是一把小雨伞。不过这把小雨伞可不是为了遮风挡雨的，而是为了吓跑敌人！当褶伞蜥遇到敌人的时候，它们不会主动攻击，也不会直接逃跑，而会将脖颈处的鳞片打开撑起一把小伞，并且张开大嘴，发出"嘶嘶"的声音来吓唬对方。这样一来，它们的头部瞬间就大了好几倍，敌人看到后以为这个大怪物会变身，不知道它还会变出什么武器来对付自己呢，于是干脆乖乖地逃跑了。

● 给大伞上个色，看你还敢欺负我吗

褶伞蜥的大伞不仅能伸展合并，还会变颜色呢。为了不让对手看穿这个障眼法，聪明的褶伞蜥当然要把伪装做得彻底一点了。它们在遇到危险的时候，不仅伸展开脖颈处的大伞，还会把大伞"染"上颜色，通常来说皱褶会出现黄、白、鲜红等色彩。在动物界中，如果一个生物具有强大的毒性，通常会在身体表面显现出靓丽的颜色，来警告身边的动物不要轻易接触自己。褶伞蜥为了保护自己，也不得不假

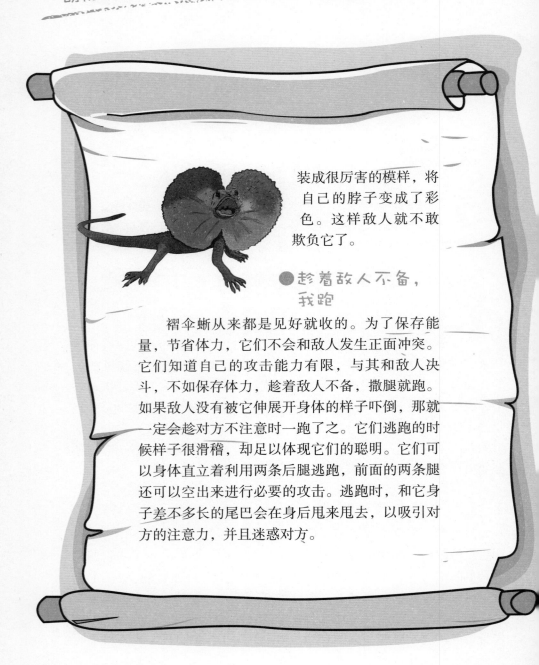

装成很厉害的模样，将自己的脖子变成了彩色。这样敌人就不敢欺负它了。

●趁着敌人不备，我跑

褶伞蜥从来都是见好就收的。为了保存能量，节省体力，它们不会和敌人发生正面冲突。它们知道自己的攻击能力有限，与其和敌人决斗，不如保存体力，趁着敌人不备，撒腿就跑。如果敌人没有被它伸展开身体的样子吓倒，那就一定会趁对方不注意时一跑了之。它们逃跑的时候样子很滑稽，却足以体现它们的聪明。它们可以身体直立着利用两条后腿逃跑，前面的两条腿还可以空出来进行必要的攻击。逃跑时，和它身子差不多长的尾巴会在身后甩来甩去，以吸引对方的注意力，并且迷惑对方。

南非犰狳蜥

类目：爬行纲有鳞目环尾蜥科

体长：约20厘米

含着尾巴逃跑的蜥蜴

南非犰狳蜥的身体长着如盔甲般巨大的鳞片，呈暗黄色，腹部柔软。它没有明显的特征来让人们分辨雌性和雄性。南非犰狳蜥喜欢躲在岩石缝隙里，很难被天敌发现。

●我躲到石缝里，你就找不到我了

南非犰狳蜥利用自己聪明的头脑躲过了很多劫难。在野外生活的南非犰狳蜥不可避免地会遇到一些天敌，但它看见敌人从来不会主动进行攻击。因为它们知道，攻击很有可能两败俱伤，就算取得了最后的胜利，也一定会有所损失。所以一旦遇到敌人，它就会以最快的速度逃跑。当然，它们逃跑的时候并不是盲目的，它们最喜欢躲在石头缝里，因为身体的颜色和岩石的颜色十分相似。当把自己藏在岩石缝中时，大多数的时候就可以确保自己逃命成功了。

●尾巴含嘴里，亮刺给你看

如果南非犰狳蜥遇到危险的时候，它的周围没有可以躲避的岩石怎么办？你一定猜不到的！这个时候南非犰狳蜥就要亮出它躲避敌人的另一个绝招了。它们身体上有很硬的刺，但是腹部却十分柔软，很多敌人都会看准了它们柔软的肚子下手。为了不被伤害，它们会转过身，用自己的嘴巴叼住尾巴，这样就可以形成一个环形，锋利的硬刺就被露在了外面，柔软的腹部则被藏在了里面。看到这个满身是刺的

家伙，敌人根本就不知道如何进行攻击了，一口咬下去吧，肯定会伤了自己的嘴巴，用身体撞击吧，自己一定会遍体鳞伤。看着敌人束手无策的样子，南非犰狳蜥不知道有多高兴。不过它们也没有掉以轻心，会想办法赶快逃走，所以只要敌人一不注意，它们就会叼着尾巴滚下山去。

●我们喜欢过群居生活

与很多独自生活的蜥蜴不同，南非犰狳蜥喜欢群居。它们自知个体的渺小，再加上在南非这样一个生物物种丰富的地方，很多动物都可以对它们形成危险。为了更好保护自己，也为了保护犰狳蜥的种群，它们聪明地选择了群居的生活方式。它们会以家庭为单位，聚集在多岩沙漠区域的岩堆间栖息，每个家庭成员都有自己的分工。正因为这样，南非犰狳蜥才可以不断地繁衍生息。

动物档案

吉拉毒蜥

类目：爬行纲有鳞目毒蜥科

体长：35～60厘米

从后面咬住敌人的"毒物"

吉拉毒蜥体型粗壮，尾巴短，身体上覆盖着细小的鳞片。体色为深色，有黄色、粉红色、浅红色或黑色的斑纹。舌头为粉红色，中间开叉，头部的前端为黑色，后部为黄色，还有一些黑色斑点。吉拉毒蜥有冬眠的习惯，不过在苏醒之后会立刻交配产卵，幼蜥出世后就离开父母独立生存。

● 我有毒，不用担心猎物跑掉

吉拉毒蜥是一种有毒的蜥蜴。每次捕猎的时候，它们都会好好利用自己的毒液。它们看好一种美味的猎物后，会狠狠地咬住猎物，将自己的毒液注入猎物的身体中。随着毒液的作用，猎物不再挣扎，它才会一点一点地将猎物吃进肚中。整个过程它们都不急不躁，好像一切尽在掌握中。聪明的吉拉毒蜥知道自己身体中的毒液足够毒死一个猎物，所以从来都不会担心猎物会跑掉！

● 不要被我笨拙的身体迷惑哟

吉拉毒蜥四肢短小，爬行缓慢，看起来非常笨拙，但是你可千万不要被它们的表象迷惑了呀。事实证明它们是非常灵活的动物。当人们捕捉吉拉毒蜥时，看似笨拙的它们，会突然转身去攻击人类。人们想从后面制服它们，它们从来不会惊讶或者慌张，反而趁着人们不注意转身时咬住人们。它们的毒性和响尾蛇的毒性相当，人们中毒后会

产生剧痛，并且伴随着晕厥、腹泻、呕吐等症状。事后人们才认识到，是自己太过轻敌了，没有想到吉拉毒蜥用笨拙的身体迷惑了大家。

●爬到树上吃鸟蛋

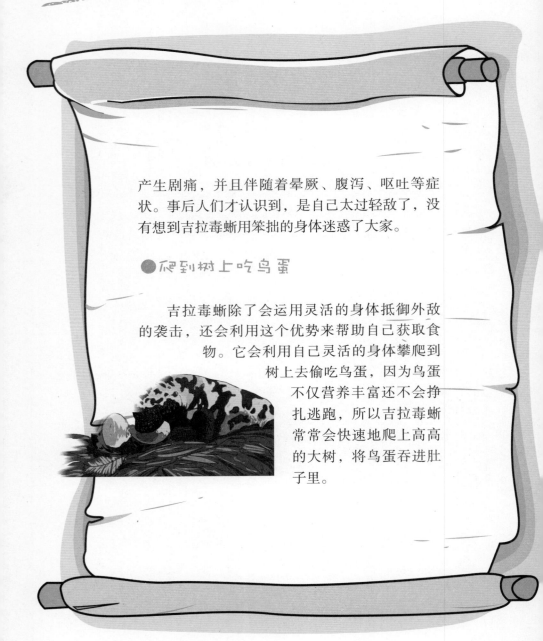

吉拉毒蜥除了会运用灵活的身体抵御外敌的袭击，还会利用这个优势来帮助自己获取食物。它会利用自己灵活的身体攀爬到树上去偷吃鸟蛋，因为鸟蛋不仅营养丰富还不会挣扎逃跑，所以吉拉毒蜥常常会快速地爬上高高的大树，将鸟蛋吞进肚子里。

动物档案

砂鱼蜥

类目：爬行纲有鳞目石龙子科

体长：15~20厘米

大爪子的隐藏家

砂鱼蜥的体色非常漂亮，底色为黄色到橘色，横斑由黑色到棕色，当然也有少数背上没有横斑。由于它的价位并不高，所以一般人对砂鱼蜥没有详细加以区分，而是都以砂鱼蜥来称呼。

● 沙石间，我穿梭自如

砂鱼蜥之所以有这样一个名字，是因为它可以在沙石中爬行，就像鱼儿在水中游一样自在。这是为什么？其实这一切都归功于砂鱼蜥完美地利用了自己的大爪子。没错，它的爪子比一般的蜥蜴要大，摩擦面更大。砂鱼蜥正是利用与众不同的爪子在沙土上行走，有力地抓住沙土，减少了沙土对自己的阻力。

● 沙石中是最好的避难所，你找不到我啦

如果遇到了危险，砂鱼蜥第一个想到的安全场所就是沙土，因为它们在沙土中谁也追不到它。一旦它需要躲避敌人的时候，它们会怎么办呢？它们依旧会隐蔽在沙土中。因为它非常熟悉沙土的环境，它会聪明地在沙土上爬行一段时间，然后快速地钻进沙土中，用沙土将自己掩埋起来。这时敌人会感到很奇怪，刚刚还在沙土上爬行的砂鱼蜥，一转眼的工夫怎么就不见了？嘿嘿，它们不知道，熟悉地形的砂鱼蜥早就已经躲到沙子里面去了。

● 一次搞定猎物，节省力气

砂鱼蜥很懂得把握机
会。它不会主动地攻击
猎物，很多时候是等
着猎物到身边了，
才趁其不备将其吃
掉。但是它也不会白
白放过那些好不容易等来
的捕猎机会。如果它们发
现美食就在不远处，那么饥饿的砂鱼蜥就
会凶猛地上前进行攻击。砂鱼蜥动作非常
利索，张开嘴，吐出舌头，卷起虫子就送
入嘴里，没一会儿的工夫，它就吃饱了。

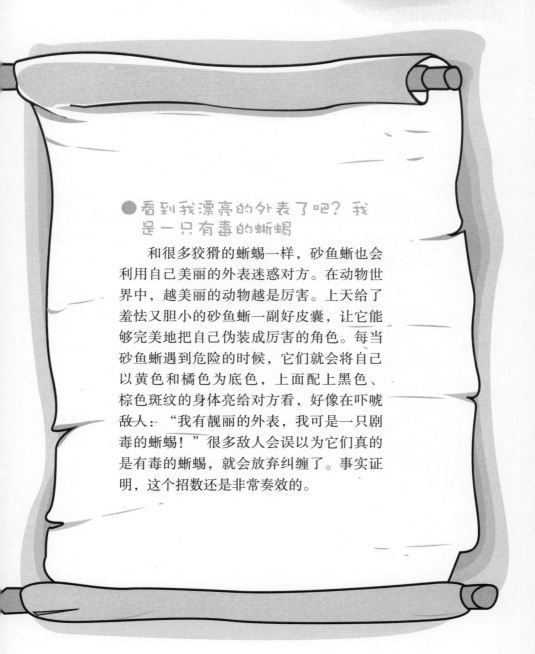

● 看到我漂亮的外表了吧？我
  是一只有毒的蜥蜴

　　和很多狡猾的蜥蜴一样，砂鱼蜥也会
利用自己美丽的外表迷惑对方。在动物世
界中，越美丽的动物越是厉害。上天给了
羞怯又胆小的砂鱼蜥一副好皮囊，让它能
够完美地把自己伪装成厉害的角色。每当
砂鱼蜥遇到危险的时候，它们就会将自己
以黄色和橘色为底色，上面配上黑色、
棕色斑纹的身体亮给对方看，好像在吓唬
敌人："我有靓丽的外表，我可是一只剧
毒的蜥蜴！"很多敌人会误以为它们真的
是有毒的蜥蜴，就会放弃纠缠了。事实证
明，这个招数还是非常奏效的。

动物档案

七彩变色龙

类目：爬行纲蜥蜴目避役科

体长：35～45厘米

随环境改变体色

七彩变色龙的成体雄性的吻尾较长，雌性较雄性细长，体色的变化幅度较大。雄性除了体型较长大外，头冠也较雌性明显。雄性吻尖有一个较明显的像铲一般的角状突起物延伸到眼睛的两侧。七彩变色龙喜欢居住在温暖潮湿的环境中。

●我可以根据时间和地点频繁变色

七彩变色龙生活在绚丽多彩的热带雨林中。为了不让敌人和捕食对象发现，它有多种方法进行自我保护，最常用的就是努力地变色，变得和身边的物体颜色一样来伪装自己。在枝繁叶茂的大树上，它们穿着一件绿衣服，到了树干或枯枝的地方，就换上了暗黄色的外套，而到了黎明，它们又变回绿色。它们在一天之中可以因为时间和地点的变化更换六七种颜色，以此聪明地逃过了敌人的眼睛。它们是不是很厉害呢？

●变换身体的颜色来表达感情

七彩变色龙不仅会因为时间、地点的变化而改变身体的颜色，它们还会因为心情而改变身体颜色。比如，当遇到危险的时候，它们为了吓唬对方，身体就会变成彩色的，并且把最显眼、最耀眼的地方亮给敌人看，好像在做出最后的警告："敢欺负我，我要你好看！"而当它们与其它变色龙产生矛盾的时候，愤怒会使它们的身体变成红

色，好像愤怒的火龙。利用自己身体的颜色来表达自己的心情，可谓是它独有的聪明之处。

● 我的舌头一卷，就搞定了猎物

　　七彩变色龙的舌头和很多蜥蜴一样，非常敏感和灵活。它的舌头很长，上面有一种黏稠液体，当有猎物从自己的身边经过时，它就会张开嘴吐出，长长的舌头粘住猎物，然后一卷把猎物带进了嘴里。它们不仅捕食在地上跳来跳去、跑来跑去的昆虫，还会捕食一些在低空飞行的虫子。。几秒钟的时间，虫子就被咽到肚子里，很神奇吧。

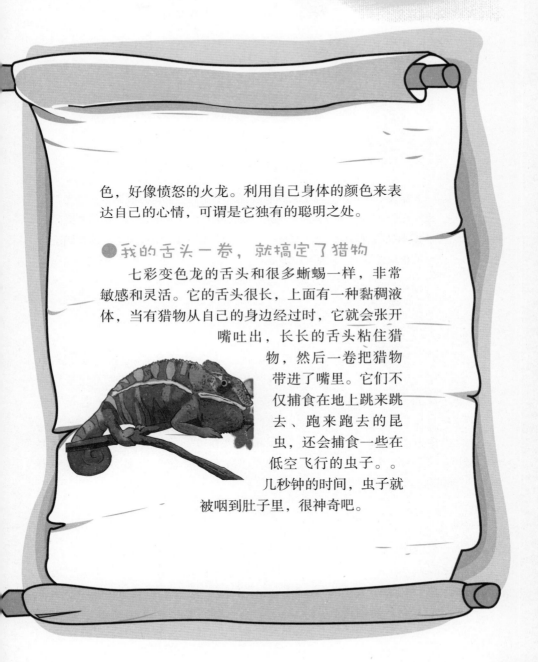

蜡皮蜥

类目：爬行纲蜥蜴目鬣蜥科

体长：15厘米左右

挖洞穴就准备好逃跑之路

蜡皮蜥体型大，尾巴是头长和体长的2倍。体背为灰褐色，分布着橘红色的圆斑，腹侧有黑色和橘红色的花纹。雄性的密布着明显的橘黄色或橘红色的眼斑，雌性的则不明显。四肢强壮，爪子发达。雌性和雄性的蜡皮蜥喜欢一起活动和觅食。

●看到我鲜艳的肚皮，敌人还不吓跑

蜡皮蜥瘦瘦的，看起来弱不禁风。为了保护自己，它们必须找到更加完美的自我保护的方法，否则可就要遭殃的。蜡皮蜥的肚子扁扁的，看上去像是没吃饱一样，其实不是这样的，它们的肚子可是吓唬别人的秘密武器。如果有别的动物想要攻击它们，它们就会展开自己的肋骨，腹部就会张大。它们腹部的两侧有颜色鲜艳的皮褶，一旦展开肋骨，那鲜艳的颜色就立即展现在敌人的眼前。很多敌人都会因看到鲜艳的颜色而心生畏惧跑掉。

●我是建筑天才，我的洞穴安全又舒适

如果说扬子鳄是鳄鱼中的建筑家，那蜡皮蜥绝对就是蜥蜴家族中的建筑天才了。它们把洞穴设计得安全又舒适。在洞穴洞口50厘米以下的地方会有分岔口，两条路通往不同的地方：一条通向它的栖息地；另一条则通向逃亡洞穴，这个逃亡洞穴是向斜上方挖的，直达地面。一旦发生危险，它们就可以跑到逃亡洞穴。如果洞穴不再安全，

它们就非常容易地冲出地面了。每当快要下雨的时候或者傍晚回洞里休息的时候，它们还会用土将洞口封住，以免其他动物进入或者雨水侵入。它们建造的洞穴真是妙极了！

● 跑啊跑，洞里最安全

　　既然有这么一个安全的洞穴，蜡皮蜥当然要利用好它了。每每遇到危险，它们都会迫不及待地往洞穴里逃去。因为洞穴里有个分岔口，所以即使敌人跟在后面，跑到分岔口的时候敌人也很难判别蜡皮蜥走了哪一条洞穴。即使最后敌人猜对了，走了和蜡皮蜥同一条路，也会因在分岔口耽误时间而无法抓住它们了。

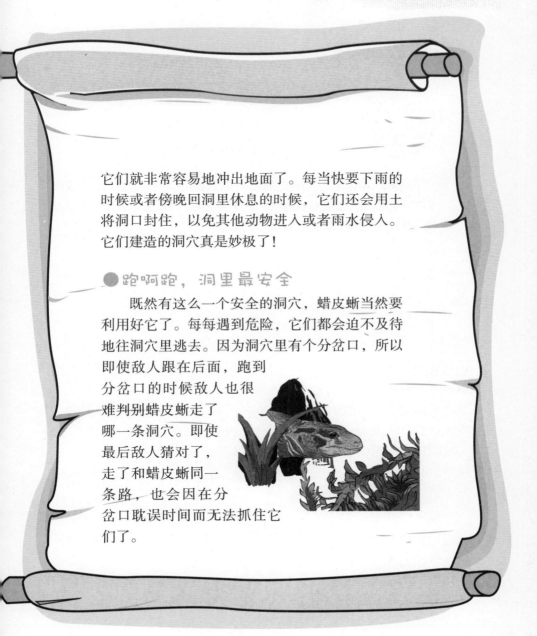

动物档案

玻璃蛙

类目：瞻星蛙科

体长：2～3厘米

与叶子相依为命的青蛙

玻璃蛙体型细小，全身为绿色。因为缺乏色素沉着，它的腹部是透明的，可以透过皮肤看到内脏、骨骼和肌肉。玻璃蛙主要源自于南美洲，并且以成倍的速度向中美洲扩散。

●气候变化我先知

随着天气的变化，玻璃蛙身体的颜色会发生不同的变化。当然它们改变身体的颜色并不是表现给其他动物看的，它们实际上是在用身体变化的颜色保护自己。晴天时，它们身体的颜色变淡，在阳光的照射下好像是叶子上的一颗水珠。当天阴下来的时候，它们的身体就会变成更深的颜色，使自己更好地和叶子融合在一起，防止被其他动物发现。因为它们对气候的敏感变化，很多科学家都会利用它们来观测天气，把它们当做是最准确的"晴雨表"。

●卵也要生在叶子上，不能让宝宝受到侵犯

玻璃蛙弱小，经常会被一些大型的动物当作食物。为了保护自己和自己的卵，玻璃蛙会将自己的卵产在它栖息的叶子上，这样卵就可以保持湿润，并且玻璃蛙可以一直保护它们。玻璃蛙妈妈很爱它的宝宝，所以不管什么时候，都不会离开叶子，不会让寄生虫或者小型的昆虫对自己的宝宝有任何的侵犯行为。

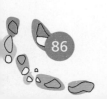

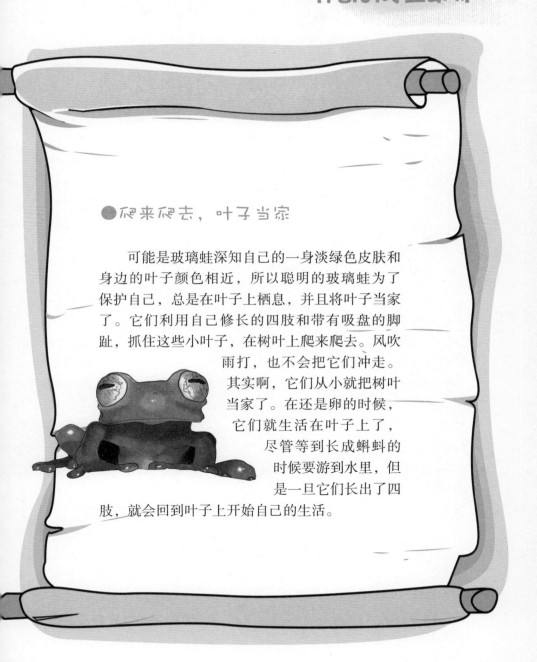

●爬来爬去，叶子当家

可能是玻璃蛙深知自己的一身淡绿色皮肤和身边的叶子颜色相近，所以聪明的玻璃蛙为了保护自己，总是在叶子上栖息，并且将叶子当家了。它们利用自己修长的四肢和带有吸盘的脚趾，抓住这些小叶子，在树叶上爬来爬去。风吹雨打，也不会把它们冲走。

其实啊，它们从小就把树叶当家了。在还是卵的时候，它们就生活在叶子上了，尽管等到长成蝌蚪的时候要游到水里，但是一旦它们长出了四肢，就会回到叶子上开始自己的生活。

动物档案

小丑蛙

类目：两栖纲无尾目薄趾蟾科

体长：6～10厘米

使用突击战术的丑蛙

小丑蛙有发达的角质内趾隆起，相貌奇怪，身材娇小，在水中或水底生活，游泳的本领很高。它主要在白天休息，夜晚出来活动。春末夏初进入繁殖期，冬季时会潜藏在土里进行冬眠。

● 丑丑的外表蒙蔽你，我可不是好欺负的

小丑蛙的样子丑丑的，臃肿又光滑的身体呈暗绿色，本来大大的眼睛配上扁平的头部，就显得小了一些。嘴巴大而长，闭起来的时候好像是一条线。小丑蛙似乎也知道自己就长成这样滑稽的样子，所以眼神也跟着迟钝起来。事实上它们并不笨，它们这样其实是在蒙蔽敌人呢！很多生物都因为小丑蛙不起眼的模样而对它们放松警惕，其实它们不知道小丑蛙的外表虽然很丑，但是绝对不是好欺负的蛙。它只不过是利用自己独特的外表聪明地误导敌人对自己的评价，城府很深呢！

● 趁其不备搞突袭

尽管平平无奇的外形使小丑蛙在战斗方面没有投机取巧的机会，但是为了保护自己，小丑蛙学会了使用突袭战术。它们在捕猎的时候，看似一副漫不经心的样子，其实早已谋划好了怎么进攻、怎么制敌。只要看到猎物有可乘之机，就绝对不手软，奋力扑上前去。而当遇到危险时，它们也不会马上逃走，而是会埋伏在一边，好像是不以

为然，其实呢，它们是在等待最佳时机进行反攻。怎么样，它是不是很聪明呢？既然不能力取，就玩点小聪明，以智慧取胜喽！

●食量惊人胃口大

为什么小丑蛙食量大得惊人，总是吃到撑才罢休呢？这可是它们有远见、有智慧的绝对证据。它们吃到撑倒不是因为多么喜欢自己捕捉来的食物，只是为了之后的几天，不需要担心捕不到猎物而饿肚子。在野外，食物并不能得到完全的保证，为了让自己生存下去，小丑蛙不断开发自己的肚子，胃口便越来越大，适应环境是生存下去的唯一选择。

动物档案

亚马逊角蛙

类目：两栖类无尾目薄趾蟾科

体长：5~15厘米

长着美丽花纹的伪装蛙

亚玛逊角蛙长着一对很长的角，背部有蝴蝶状的花纹，体色有褐色、橘色、绿色或灰白，喉部呈深黑色，口腔内为白色。牙齿尖利，后肢的蹼较发达。亚玛逊角蛙十分贪婪，而且好斗，绝对不会放过贪食的机会。

● 我埋伏起来等待猎物

亚马逊角蛙长得圆滚滚、胖嘟嘟的，没有修长的四肢，不能跳来跳去，但是它们从来不缺食物，因为它们是典型的埋伏型猎食者。在等待猎物出现的时候，它们总是躲在叶子底下，只把小脑袋露出来，这样它们可以看到猎物而猎物却看不到它们。一旦发现比自己小的猎物，它们就会找准时机，伸出嘴巴牢牢地将对方困在嘴中吃到美味的猎物。

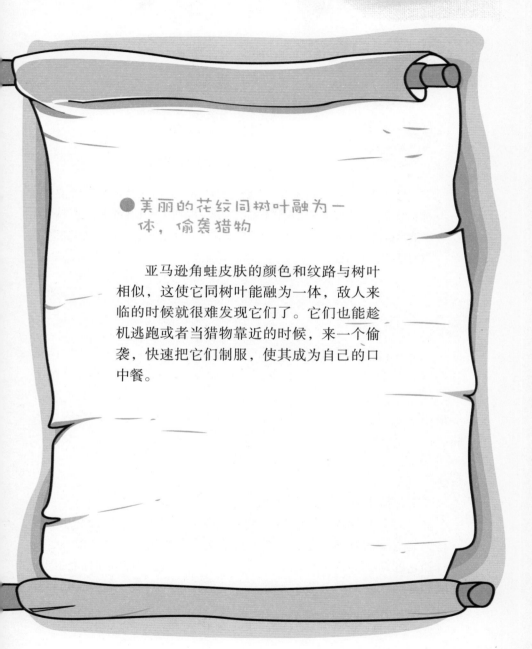

● 美丽的花纹同树叶融为一体，偷袭猎物

亚马逊角蛙皮肤的颜色和纹路与树叶相似，这使它同树叶能融为一体，敌人来临的时候就很难发现它们了。它们也能趁机逃跑或者当猎物靠近的时候，来一个偷袭，快速把它们制服，使其成为自己的口中餐。

动物档案

番茄蛙

类目：无尾目狭口蛙科

体长：6～9.5厘米

用屁股就能挖洞

番茄蛙和拳头一般大小，全身为鲜红色，就像一个熟透了的西红柿，但是漂亮的表皮下含有防卫性的毒素。雌性个体比雄性大，雄性背上的突起比雌性多。番茄蛙不喜欢主动出击，而是等待昆虫从它身边飞过时，然后一口吞下。

● 我的身体能变大

为了使自己不至于总处在劣势地位，番茄蛙在面对危险的时候可是有自己的办法的。你知道是什么吗？那就是掌握自己身体的大小。一旦遇到危险，它们就会用膨胀身体的方法让敌人以为它们并不是小小的蛙，而是一个体形非常大的动物。很多动物都会因为番茄蛙膨胀了身体，以为它们不好惹，最后落荒而逃了。

● 粘上我的毒素，虽不致命，但也很疼

像草莓箭毒蛙一样，番茄蛙也拥有一个艳丽的外表，同时也拥有一个富含毒素的身体。这样的先天优势番茄蛙怎么会不好好利用呢？一旦遇到危险的时候，它们猩红的皮肤上会分泌出一层白色黏液，任何碰到它的动物都会皮肤过敏，虽然不致命，但会引发长时间如同烧灼般的疼痛。它们的毒液虽不像箭毒蛙那样毒性剧烈，但是也足以保护自己的安全了。

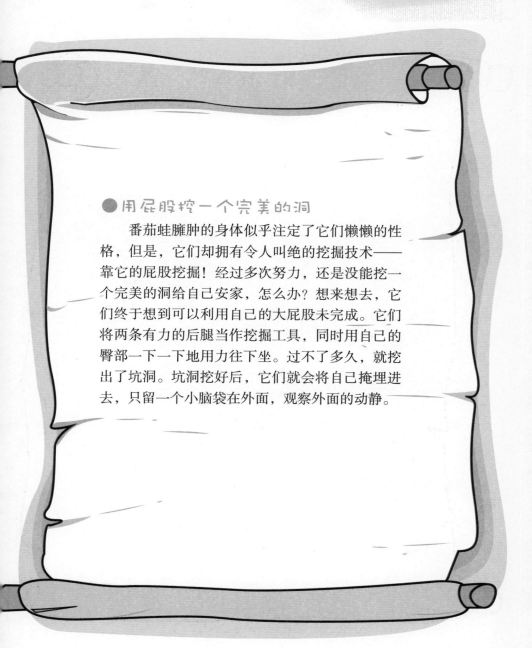

● 用屁股挖一个完美的洞

　　番茄蛙臃肿的身体似乎注定了它们懒懒的性格，但是，它们却拥有令人叫绝的挖掘技术——靠它的屁股挖掘！经过多次努力，还是没能挖一个完美的洞给自己安家，怎么办？想来想去，它们终于想到可以利用自己的大屁股来完成。它们将两条有力的后腿当作挖掘工具，同时用自己的臀部一下一下地用力往下坐。过不了多久，就挖出了坑洞。坑洞挖好后，它们就会将自己掩埋进去，只留一个小脑袋在外面，观察外面的动静。

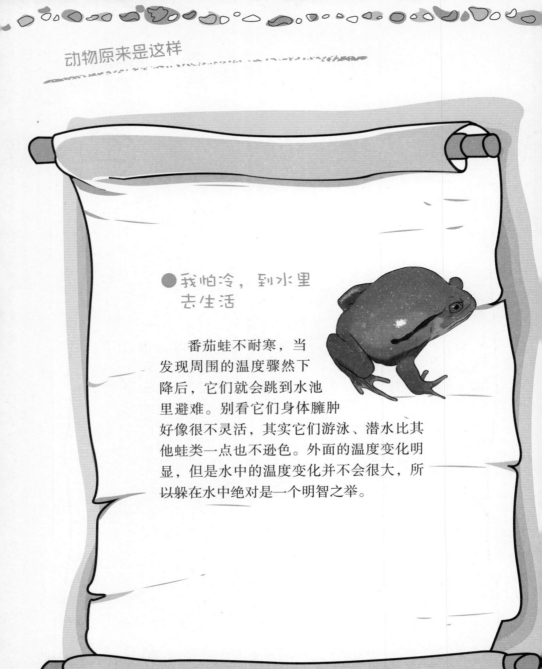

● 我怕冷，到水里去生活

　　番茄蛙不耐寒，当发现周围的温度骤然下降后，它们就会跳到水池里避难。别看它们身体臃肿好像很不灵活，其实它们游泳、潜水比其他蛙类一点也不逊色。外面的温度变化明显，但是水中的温度变化并不会很大，所以躲在水中绝对是一个明智之举。

动物档案

老爷树蛙

类目：两栖纲无尾目蛙科

体长：5～10厘米

藏在树叶下静等猎物

老爷树蛙体色多变，有灰色、青色、蓝色等，眼睛大而黑，腹部为米黄色。体型肥胖，前额的皮肉下垂，嘴巴宽，微微向上，眼睛的虹膜为金色，趾端的吸盘大而发达，能够吸附在光滑物体的表面。在阴暗的环境下，老爷树蛙的体色会转为墨绿色，对环境不适应或者情绪不安时，体色会转为褐色。

● 我看上去很老、很慢，但我很灵活

老爷树蛙长了一个老头样子的身体，不要小看这个看起来没有任何抵抗力的身体哟，它可是上天赐给它的有利武器呢！它们经常用自己的身体误导那些猎物。平时，它们就像老头子一样慢悠悠地移动，让猎物以为这个青蛙已经到了生命的尽头，而不会产生惧怕感，猎物会很轻松地在它们身边走来走去，而不担心它们会突然发起攻击。事实证明，猎物的判断是错的，爷树蛙其实有着灵活的活动能力，一旦猎物放松警惕，老它就会露出本来面目，快速地把猎物捕获。

● 轻微的毒也能让猎物跑不了

老爷树蛙深知自己的毒液毒性微弱，所以从来不会依赖自己的毒液。更多的时候，它们只是利用自己的毒液去吓唬敌人。一旦猎物因为中毒而有一些微微眩晕感时，老爷树蛙就会立刻上前将猎物吃掉，绝对不给它们逃跑的机会。

● 藏在树叶下，保持警惕等待食物

　　老爷树蛙为了保存体力，并不经常活动，但是即使它们懒懒地一动不动，也能捕捉到很多的食物。老爷树蛙喜欢待在光线不太强以及较凉爽的地方，常常将自己藏在树叶下，一藏就是一天，一动也不动，好像世界上任何事情都与它们没有关系一样。其实，在这样的栖息过程中，它并没有放松警惕，会将小脑袋露出来，观察有没有美食从身边经过。它们对食物的要求并不高，多种昆虫都是它们的口中餐，只要是能够塞进口中的，它们都会欣然地笑纳。

滇蛙

类目：两栖纲无尾目蛙科

体长：5厘米左右

用漂亮的外表吓跑捕食者

滇蛙的趾纤细，趾的皮肤磨损，露趾趾骨。雌性的个体比雄性大，雌性体长，能够提高繁殖输出能力。雄性的表面有细密的角质刺，有声囊，声音洪亮，在求偶过程中吸引雌性。

●我的身体能分泌液体，不怕紫外线

滇蛙为了抵抗太阳紫外线的辐射，会在身体表面分泌出一种液体，这种液体富有极强的抗氧化能力，并且还有排毒的功效。还可以起到身体保护膜的作用，将阳光对其皮肤的伤害减到最低。

● 用漂亮的衣服、光滑的身体，骗
  过捕猎者的攻击

　　遇到捕猎者，滇蛙会充分利用自己的身体优
势化解危险。它们长得很漂亮，背部呈明黄或
深绿色，配上背上的黑色花纹底色，显得十分耀
眼。再加上皮肤上分泌的一层既可以排毒又可以
防止紫外线的透明液体，整个身体看起来又光亮
又鲜艳。其实，这种鲜艳的颜色一般只有毒性蛙
类才具有，所以很多捕食者都误以为这是一只不
可碰的毒青蛙，不等走近细看，就都灰溜溜地逃
掉了。就这样滇蛙利用自己的漂亮衣服和光滑的
身体逃过了很多捕猎者的攻击。

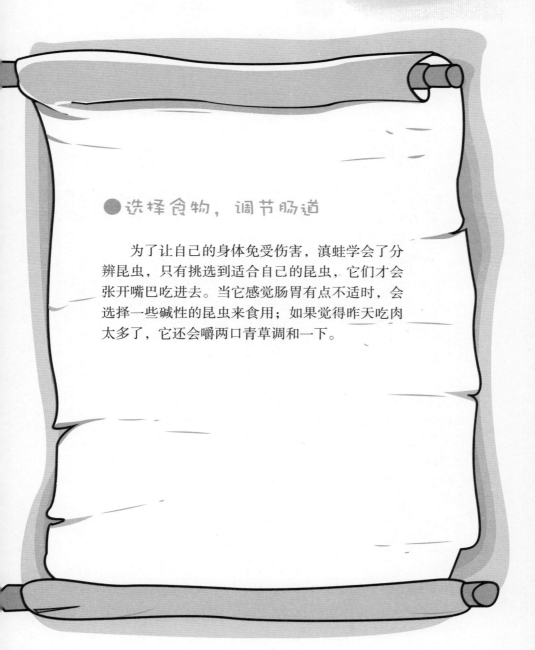

●选择食物，调节肠道

为了让自己的身体免受伤害，滇蛙学会了分辨昆虫，只有挑选到适合自己的昆虫，它们才会张开嘴巴吃进去。当它感觉肠胃有点不适时，会选择一些碱性的昆虫来食用；如果觉得昨天吃肉太多了，它还会嚼两口青草调和一下。

动物档案

小湍蛙

类目：两栖纲无尾目蛙科

体长：3～4厘米

脚趾发达能抓紧岩石

小湍蛙的身体扁平，后肢细长，趾末端膨大呈吸盘状。在春夏之际进入繁殖季节，它们两两一起活动，雌蛙将卵产在石头的缝隙中或附着物上，以防卵被湍急的河水冲走。

● 我能抓住光滑的岩石，水再急也不怕

小湍蛙生活在湍急的河流沿岸，有时还可以在瀑布口看到它们。也许你会疑惑，有那么多依山傍水的好地方，小湍蛙何必生活在湍急的河水中，多危险呀！其实这正是它聪明的地方，很少有动物会栖息在这样危险的环境中，所以小湍蛙在湍急的瀑布下生活就不会担心会有其他的动物来找麻烦了！再加上它们十分会利用自己的先天优势，用比其他蛙类都发达的脚趾牢牢地抓住光滑的岩石，根本不必担心被湍急的水冲走。只有生命安全得到保障，生活才能美好啊！小湍蛙生活的地方是不是很安全呢？

● 我的腹部能稳稳地依附在石头上

为了让自己在湍急的河水中站得更稳，它们不仅充分发挥了四肢和脚趾的功能，而且还会利用腹部让自己稳稳地依附在石头上。小湍蛙腹部后面有一个马蹄形的大吸盘，用来死死地吸住溪边的岩石，不至于被水冲走。有时，就算是人类用手去抓岩石上的小湍蛙，都需要费上一些力气才行呢。

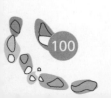

● 我在夜间活动，既能避开敌人，又能捕猎

　　如果自己的攻击能力很弱，又没有很好的伪装能力，那要怎么保护自己才能免受其他生物的侵害呢？聪明的小湍蛙选择了在夜间活动来躲避敌人的围追堵截，是不折不扣的在夜间活动的蛙类。白天，人们很少能够发现它们，只有黄昏过后，你才能看到它们小心翼翼地出现在山溪边或岸边，有时候甚至还可以看到它们蹲在瀑布下面呢。它们喜欢在伸手不见五指的夜里活动，这样可以增加安全感，而且有更多的猎物可以捕获。

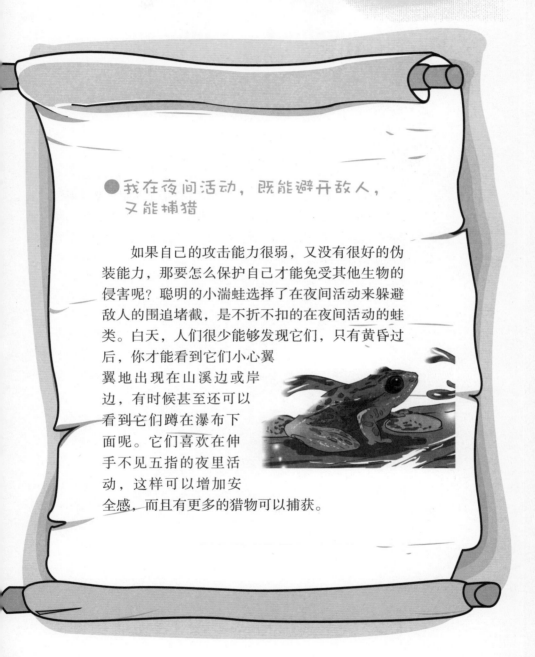

动物档案

云南臭蛙

类目：两栖纲无尾目蛙科

体长：7~10厘米

臭臭的空中飞人

云南臭蛙体型较大，头部平扁，吻端圆钝，前肢强壮，趾长而略扁，趾端稍稍扩大有吸盘。四肢有黑褐色的横纹，腹面为灰黄色，股腹面有大斑点。云南臭蛙栖息在石洞、土穴内，在7月时活动最为频繁，每天夜晚出来活动、觅食。

● 我在水中非常自由，遇到危险也能迅速逃跑

云南臭蛙能够熟练地利用身体优势在水中快速地游动。它们具有强健的四肢与吸盘，可以在水中自由来去。遇到危险的时候，只要趁敌人不注意时跳入水中，敌人就很难再抓住它们了。

● 用臭味熏跑你

当云南臭蛙无忧无虑地生活在森林中的时候，它们并不会散发出臭味，它的臭味其实是保护自己安全的有效方法。当它们遇到危险的时候，它们的皮肤就会分泌出难闻的黏液，前来捕猎者闻到臭味就会远远离开。尤其是一些不吃腐烂动物的动物，闻到这样的味道，会以为它们已经死去腐烂了，就会立刻掉头跑掉。

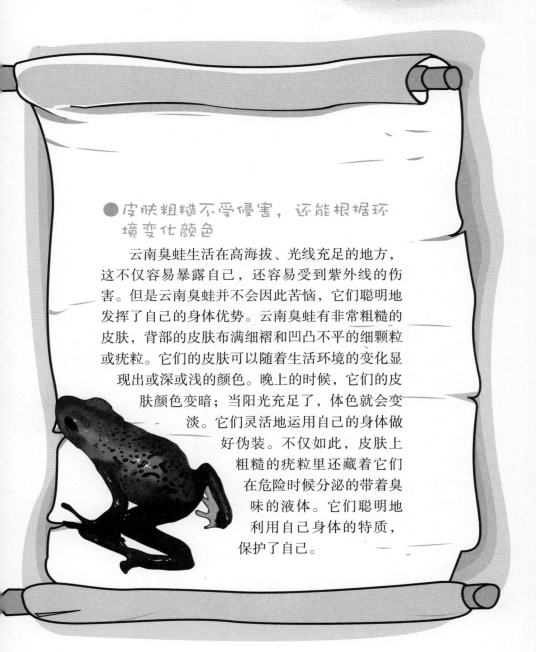

● 皮肤粗糙不受侵害，还能根据环境变化颜色

  云南臭蛙生活在高海拔、光线充足的地方，这不仅容易暴露自己，还容易受到紫外线的伤害。但是云南臭蛙并不会因此苦恼，它们聪明地发挥了自己的身体优势。云南臭蛙有非常粗糙的皮肤，背部的皮肤布满细褶和凹凸不平的细颗粒或疣粒。它们的皮肤可以随着生活环境的变化显现出或深或浅的颜色。晚上的时候，它们的皮肤颜色变暗；当阳光充足了，体色就会变淡。它们灵活地运用自己的身体做好伪装。不仅如此，皮肤上粗糙的疣粒里还藏着它们在危险时候分泌的带着臭味的液体。它们聪明地利用自己身体的特质，保护了自己。

石蛙

类目：两栖纲无尾目蛙科

体长：10～15厘米

夜晚捕食，无敌人注意

石蛙的体型较大，身体粗壮，体色有黑色、棕黄色、暗红色和花色。头阔而扁，眼睛呈椭圆形，位于头部的最高处，视野开阔。躯干短，四肢肥大，前肢短而强壮，后肢肥大丰满。

●我只吃活昆虫

石蛙的视力不好，只能看到运动的物体，所以它们会在虫子爬行或者飞行的时候主动突击，吐出自己的舌头，利用舌头上的黏液，将虫子粘到舌头上，然后卷起舌头将虫子吞到嘴里。它们只吃活着的昆虫，若是将死了的虫子放进它的嘴里，它们也能分辨出来，并将其吐出来。这样果断地拒绝食用死去的动物，它们才能够更加健康、长寿地生活下去。

● 白天躲起来休息，傍晚出来捕食

　　在白天，没有任何伪装能力的石蛙很容易被敌人发现，也不利于自己捕食猎物，所以聪明的石蛙白天躲在洞穴里休息，只有在夜幕降临时才会走出洞穴，呼吸一下森林中的新鲜空气，并且去寻找自己梦寐已久的美食。因此，想在白天找到石蛙那就是非常困难的事情了。经过了白天的休息，在傍晚出洞的时候，石蛙会非常活跃。这能使它们吃到更多的昆虫。

●遇到危险，我就跑进洞穴里

石蛙十分注意自己的安全，即便是香甜可口的美食也不能轻易勾走它。它们聪明地坚守在洞穴的不远处，只要一有危险就玩命地往洞穴里逃。由于既没有蟾蜍身上的剧毒，也没有其他青蛙那样的伪装肤色，所以石蛙非常谨慎，不会离开自己的洞穴。其实它们知道，并不是只有远方才有美丽的风景，近处的风景依旧很美。在熟悉的地方，它们方便捕食，在遇到危险的时候也能尽快逃离。

动物档案

尖舌浮蛙

类目：两栖纲无尾目蛙科

体长：3厘米以下

用叫声驱赶骚扰者

尖舌浮蛙的体表皮肤粗糙，表皮上有疣状小颗粒突起，腹部为白色，体背为灰绿色或棕绿色，四肢的趾端尖细，后肢满蹼。体型娇小灵活，眼睛突出，属于可爱的迷你青蛙。尖舌浮蛙的雄性咽下有单个内声囊，叫声非常大。

● 我喜欢生活在水里

尖舌浮蛙有一双大大的蹼，四肢趾端尖细。它们喜欢利用自己的脚趾，当你还在游泳池里扑腾扑腾游不走的时候，它们已经优哉游哉地在小溪中晒太阳了。因为总是生活在水中，所以每当遇到危险的时候，它们就会扎进水中躲起来，等到危险过去了，再从水中探出头来。它们用这样的方法来防止敌人打自己的歪主意。

●看我的噪声作战法

尖舌浮蛙的声音很尖很尖，每当夏天来临，或者是交配的时候，它们都会玩命地叫，发出"哇哇"的鸣叫声。不要以为它们只是随便叫着玩的。在交配时期，尖舌浮蛙对别的动物的骚扰非常敏感，这很容易影响到它们的繁殖。它们发出刺耳的叫声也是为了赶走那些想要干扰它们交配的动物。每当它们"哇哇"地叫的时候，都好像在说："别再过来了，我的声音可是很刺耳的，不想耳朵受折磨就赶快离开！"很多动物听到这些闹心的叫声，就打消了上前骚扰的想法，转头离开了。

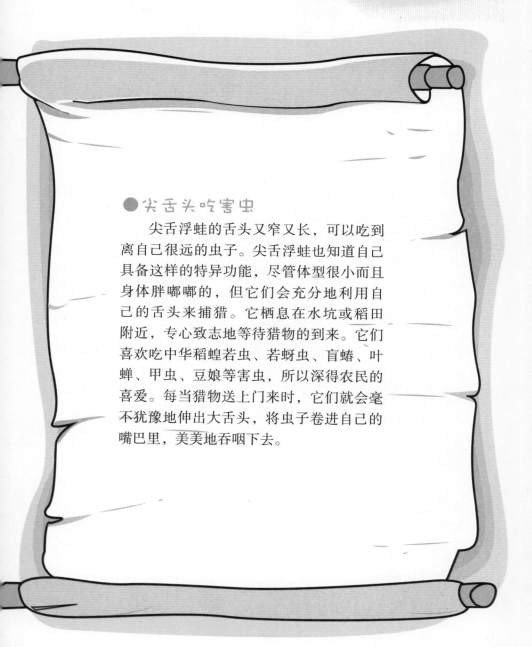

● 尖舌头吃害虫

　　尖舌浮蛙的舌头又窄又长，可以吃到离自己很远的虫子。尖舌浮蛙也知道自己具备这样的特异功能，尽管体型很小而且身体胖嘟嘟的，但它们会充分地利用自己的舌头来捕猎。它栖息在水坑或稻田附近，专心致志地等待猎物的到来。它们喜欢吃中华稻蝗若虫、若蚜虫、盲蝽、叶蝉、甲虫、豆娘等害虫，所以深得农民的喜爱。每当猎物送上门来时，它们就会毫不犹豫地伸出大舌头，将虫子卷进自己的嘴巴里，美美地吞咽下去。

麝香龟

类目：爬行纲龟鳖目泽龟科

体长：8~14厘米

伪装成黑色石头保护自己

麝香龟成年后龟壳变得圆滑，颜色从墨黑色转为棕黑色，龟壳的接缝处有颜色较深的镶边，龟壳上有点状或辐射条纹状的图案。头部有深色的斑点或条纹，腹甲小，呈粉红色或黄色。雄性的尾巴末端呈刺状。麝香龟看起来比较老实，实际上具有较强的攻击性。

●我能将自己伪装成水中的一块黑石头

麝香龟很小的时候就懂得伪装。它们的龟壳墨黑色，而且很粗糙，如果它们不将头、四肢和尾巴露出来的话，看上去就像是水中的一块黑石头。它会利用龟壳的颜色充分进行伪装，这样猎食者即使从它们身边游过，也发现不了它们。

●我们晚上在水底下捕捉猎物

麝香龟是不折不扣的夜行侠，常年生活在水底，白天时将自己埋在泥底下休养生息，为自己补充能量，你根本看不到它的身影。到了夜晚，已经储备了一天的能量的麝香龟就会活跃起来，出来找吃的。大多数情况下，它们会在水底下游走并捕捉猎物，会凶猛地发起进攻，对那些毫无自我保护能力的小鱼下手。

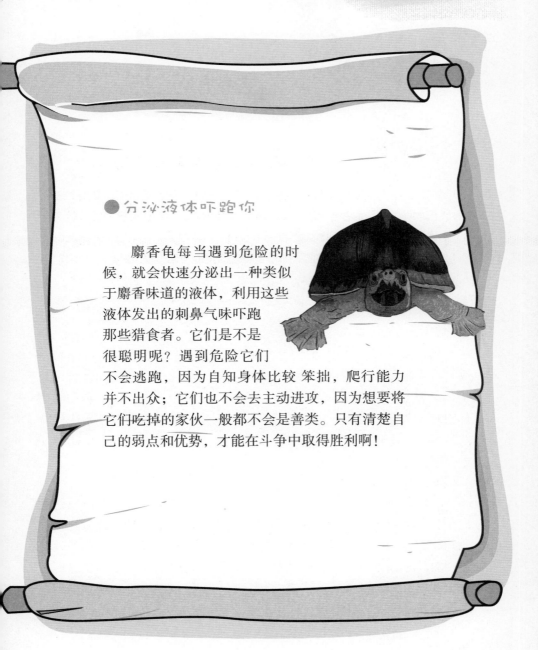

●分泌液体吓跑你

　　麝香龟每当遇到危险的时候，就会快速分泌出一种类似于麝香味道的液体，利用这些液体发出的刺鼻气味吓跑那些猎食者。它们是不是很聪明呢？遇到危险它们不会逃跑，因为自知身体比较 笨拙，爬行能力并不出众；它们也不会去主动进攻，因为想要将它们吃掉的家伙一般都不会是善类。只有清楚自己的弱点和优势，才能在斗争中取得胜利啊！

动物档案

玛塔龟

类目：龟鳖目蛇颈龟科

体长：40~60厘米

脖子长着敏感器的捕猎能手

玛塔龟头部呈三角形，眼睛小，鼻子凸出，能够进行气体交换。嘴巴大而柔软，脖子长而宽，颈部能够伸缩自如。背部长得像枯叶一般，且凹凸不平，腹甲细长，四肢周围长有灵敏的凸起物，尾巴小。玛塔龟食量大，却从不咀嚼食物，所以食物在胃里的消化也较缓慢。

● 我有精湛的伪装术，看我是不是像极了树皮

玛塔龟长了一个砖红色的身体，上面还布满了黑色的斑点和花纹。你看像什么？没错，像一块被水浸透了的树皮！一定知道自己长了一副树皮的模样，所以总是生活在浅水或者小溪旁，让人和动物们都很难发现它，远远看过去就像是一块树皮，谁会想到漂在水中的竟然是一只乌龟呢！

● 我的喉咙能吸进猎物

玛塔龟在捕猎的时候，从来都不会主动进攻。长了一个可以伪装的龟壳，一定不能浪费了嘛。所以它们每次都是把自己藏在龟壳里，让猎物们以为它们只是一块无害的树皮。当猎物们没有任何防备地游过来时，它们才会伸出长长的脖子，张开嘴，快速冲向猎物。它们有一个非常有力的喉咙，大多数时候，它的嘴巴根本就不会碰到猎物，因为喉咙已经发力将猎物吸进肚子里了！

● 我的长脖子上有敏感器，能帮助我捕猎

　　玛塔龟有一个非常长的脖子，脖子上有很多的触须和棘刺状的肉质突起。这些触须和突起十分敏感，可以轻易捕捉到水流信息。玛塔龟去捕猎的时候都需要脖子上的敏感器帮助自己捕捉猎物的踪迹，并利用这些触须和突起发送信号来引诱猎物上钩。精湛的伪装技术和捕猎技术使它们成为水中杀手，许多鱼儿在不知不觉中成为它的口中美食。

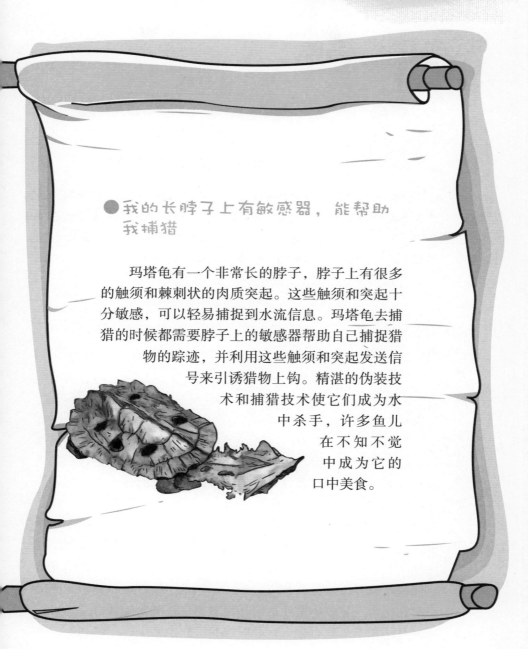

动物档案

佛鳄龟

类目：爬行纲龟目鳄龟科
体长：40～70厘米

背上能长水藻的猎食者

佛鳄龟体型较大，全身为墨绿色，头部呈三角形，顶部为灰褐色，有黑色的斑点和粒状的突起物。颈部长，呈淡黄色，背部有三道凸起的褶皱，像小山峰一般，四肢和肚皮上被一层鳞片所覆盖。头部和四肢不能完全缩入龟壳内。佛鳄龟的性格凶狠、好斗，喜欢单独活动。

●我的背上长有大量水藻，能帮助我捕猎

佛鳄龟不善于游泳，也不善于在陆地上爬行，但同时它们也离不开水，可以说它们的一生都只能是在水底爬行。这使得它们进食的东西变得少之又少，怎么办呢？佛鳄龟找到了一个捕食好帮手，那就是水藻！佛鳄龟的背上生长着大量的藻类，这样一来，它们看上去根本不像一只乌龟，而像一个大海藻啦。很多生物都粗心地以为这只是水藻，肆无忌惮地来到它们身边，不料，佛鳄龟已经盯了它们好一阵子了，既然送上门来，当然要好好享用啦，结果可想而知了。聪明的佛鳄龟利用自己完美的伪装术，不知吃到了多少美食大餐呢！

●我在水中才能不受攻击和侵犯

佛鳄龟非常喜欢水，只有在水中它们才不会受到太多的攻击和侵犯。它们喜欢懒洋洋地待在水中的泥沙、灌木、杂草中。佛鳄龟漂浮在水中时常将眼、鼻伸出水面，但是绝对不会将整个脑袋都露出来。佛鳄龟喜欢伏在木头或石块上，有时也漂浮在水面上，四腿朝上，背

甲朝下，尽情地玩耍。不管它怎么活动，怎么闹，它的天敌都只有眼馋的份儿。

● 我能释放麝香味，还能在地上直立

　　当有人或物体在佛鳄龟的前方出现时，它们总是会先将头缩入壳内，不急不忙地等待机会，一旦它们觉得时机成熟了，它们就会突然伸出头，张开嘴去进攻，然后又将头缩入壳内，如此反复数次。如果你打算把这只鳄龟抓起来的话，就会发现它的身体会释放出麝香味。这种香味和产于墨西哥的麝香龟释放出的麝香味是一样的，可以有效地迷惑敌人，保护自己。它们还有一种方法帮助自己逃跑。因为佛鳄龟的腹甲较小，仅有背甲的50%~60%，所以，佛鳄龟四肢非常发达。当前肢强壮的爪攀住物体，后肢和尾巴支撑地面时，它就可以直立在地上了！你一定没见过直立在地上的乌龟吧！它们利用自己的身体优势将行动速度加快，快速逃离敌人的视线。

动物档案

棱皮龟

类目：爬行纲龟鳖目棱皮龟科

体长：约3米

能够自我导航，从不迷路

棱皮龟是龟族中体型最大的一种，体背为暗黑色或黑色，上面有黄色或白色的斑点，头部、躯体和四肢都覆盖着平滑的革质皮肤，背甲的骨质壳由多边形小骨板镶嵌而成。嘴呈钩子状，头特别大，四肢呈桨状，前肢发达，后肢短小，没有爪子。雌性棱皮龟每年从海洋中爬到海滩上产卵，卵孵化后，小龟会爬向大海。

●我流泪，是为了将盐分排出来

你一定没听说过乌龟也会流泪吧！棱皮龟是龟中的林黛玉，人们可以常常看到它们流泪的样子。它流泪并不是因为谁欺负它们了，也不是因为它们在繁殖期产卵多么痛苦，它们流泪有自己的奇妙用处！

棱皮龟在海里的时候需要吃很多水草充饥，这样自然会吃进很多的海水。为了排除海水中的盐分，它们就聪明地利用自己的眼腺，将这些盐分排出来。所以在岸上，我们就可以看到棱皮龟流眼泪了。

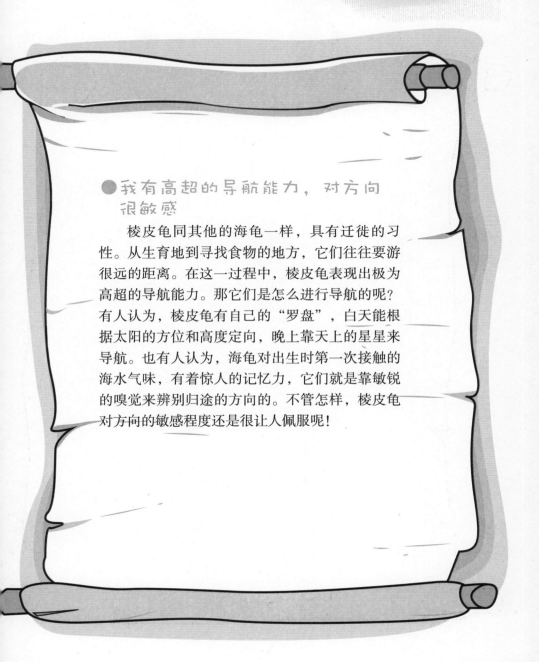

● 我有高超的导航能力，对方向
很敏感

　　棱皮龟同其他的海龟一样，具有迁徙的习性。从生育地到寻找食物的地方，它们往往要游很远的距离。在这一过程中，棱皮龟表现出极为高超的导航能力。那它们是怎么进行导航的呢？有人认为，棱皮龟有自己的"罗盘"，白天能根据太阳的方位和高度定向，晚上靠天上的星星来导航。也有人认为，海龟对出生时第一次接触的海水气味，有着惊人的记忆力，它们就是靠敏锐的嗅觉来辨别归途的方向的。不管怎样，棱皮龟对方向的敏感程度还是很让人佩服呢！

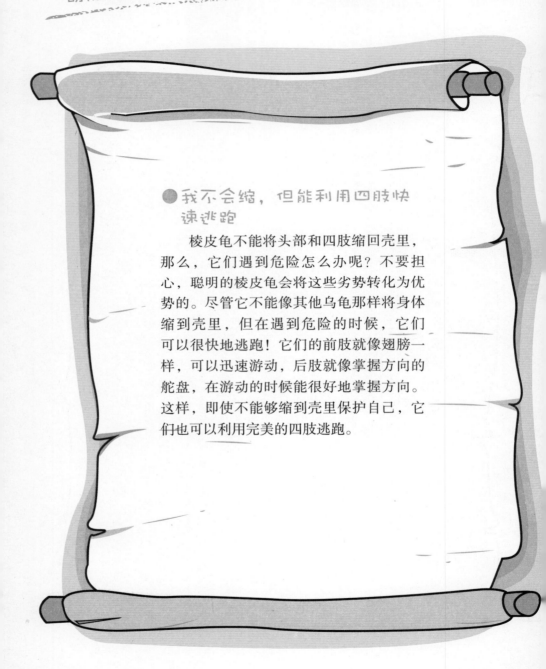

● 我不会缩，但能利用四肢快
速逃跑

　　棱皮龟不能将头部和四肢缩回壳里，那么，它们遇到危险怎么办呢？不要担心，聪明的棱皮龟会将这些劣势转化为优势的。尽管它不能像其他乌龟那样将身体缩到壳里，但在遇到危险的时候，它们可以很快地逃跑！它们的前肢就像翅膀一样，可以迅速游动，后肢就像掌握方向的舵盘，在游动的时候能很好地掌握方向。这样，即使不能够缩到壳里保护自己，它们也可以利用完美的四肢逃跑。

动物档案

饼干陆龟

类目：爬行纲龟鳖目陆龟科

体长：10~15厘米

自我膨胀，堵死洞口

饼干陆龟最主要的特征就是它那扁平而又有着美丽图案的龟壳。它体型细小，身上有异常坚固的甲壳，甲壳上有美丽的图案，胸甲上有一块光滑柔软的区域。成年的雄龟比雌龟有更长更肥大的尾巴，所以可以根据尾巴来判断这种龟的性别。饼干陆龟主要以虾、蠕虫和螺类为食，也吃植物的茎叶。

●我躲在石头缝里，你拿我没办法

饼干陆龟不仅长相奇特，而且它们保护自己的方式也与其他乌龟有所不同。它遇到危险不会将自己缩进龟壳里，既然自己的龟壳不是最坚硬、最安全的地方，那么每次它们都会趁敌人不注意时，赶快划动四肢跑到离自己最近的岩石缝中。岩石可是个坚硬的家伙，就算敌人再厉害，也咬不动岩石嘛！也正是因为这样，很多动物都对饼干陆龟束手无策，只能眼睁睁地看着美味躲在石头缝里，自己在外面干着急了。

●膨胀身体，你再厉害也抓不到我

　　当饼干陆龟遇到危险的时候，它们还会有一个奇怪的举动来躲避危险。它们知道自己的身体比其他的龟类更有弹性，腹甲更加柔软，甚至还具有类似韧带的组织，所以每当它们逃命到岩石中的时候，为了更好地保护自己，都会利用这些弹性来将自己的身体膨胀起来。毕竟在窘迫的时候，它们找到的岩石缝隙不一定是一个空间很小的地方。遇到岩石的缝隙较大时，敌人有可能也可以进来呢，那饼干陆龟岂不是惨了！饼干陆龟躲避敌人的方法是不是很厉害？不仅有方案一，还有方案二，选择哪一种方案，当然要看现实条件喽。

● 我的洞穴最安全，大型动物进不来

饼干陆龟在居住地的选择上可从来不马虎。它们会寻觅很久，只为了找到一个最适合自己的岩石缝。它们选择岩石缝隙是很有技巧的。通常来说它们会选择缝隙很深，而且岩石底部比较平坦的地方。当然这还不够，它们还会选择通道较多、蜿蜒曲折并且有宽有窄的岩石缝，这样它们就可以很安全地待在里面了。在这样的缝隙里面，它们不会被外面的动物一眼看到，遇到危险还可以从其他的通道逃跑出去。科学家发现，它们的岩石洞穴通道可以窄到只有5厘米左右。这也就使得很多大型动物即使知道这个洞穴中有自己的美食，也没有能力进去把它们揪出来吃掉。